Ana Mercedes Díaz de Iparraguirre

Alterações climáticas

Ana Mercedes Díaz de Iparraguirre

Alterações climáticas

acções de sustentabilidade ambiental

ScienciaScripts

Cover image: www.ingimage.com

This book is a translation from the original published under ISBN 978-613-9-41032-3.

Publisher:
Sciencia Scripts
is a trademark of
Dodo Books Indian Ocean Ltd. and OmniScriptum S.R.L publishing group

120 High Road, East Finchley, London, N2 9ED, United Kingdom
Str. Armeneasca 28/1, office 1, Chisinau MD-2012, Republic of Moldova, Europe
Printed at: see last page
ISBN: 978-620-8-03502-0

DEDICAÇÃO

A Deus Todo-Poderoso e à Virgem Maria

Por me ter dado força, tranquilidade, paz e ânimo para seguir todos os caminhos que percorri e por me ter dado ânimo através da oração para ultrapassar os momentos mais difíceis.

Ao meu marido Miguel Angel

Que do céu, o seu amor e o seu espírito me acompanhem em todos os caminhos que percorro para ultrapassar os momentos difíceis da sua partida.

Aos meus filhos

Ao Walter, cujo amor me acompanha desde o céu, Annather pela sua demonstração de carinho e amor. Aos meus filhos Ana Carolina e Miguel Angel, cujo amor, carinho, compreensão, companheirismo e apoio material têm sido a minha motivação para completar os caminhos percorridos e empreender novos projectos.

Para os meus netos

Katherin, Marbel, María del Rosario, Anthony, Santiago, Tomás, Mariangela e Sarita pela felicidade e amor que me deram.

Aos meus pais e irmãos

À mamã e ao papá que me protegem do céu, à Bertha, ao Ramón, à Eligia, à Yesenia, ao Roger, ao Elvis, à Mery e ao Erick pela sua compreensão e pelos momentos de dor partilhados e ao meu animal de estimação Toby, pela sua companhia fiel e carinhosa.

I

Ana Mercedes Díaz de Iparraguirre
Correio eletrónico: anamer49@yahoo.com
Telemóvel: + (58) 424 3177722
ORCID: 0000-0002-2241-81

ÍNDICE

Resumo

De acordo com estudos recentes do Banco Mundial, as alterações climáticas podem levar à deslocação de 216 milhões de pessoas nos respectivos países até 2050; e que as alterações climáticas podem diminuir o rendimento das colheitas, levando à insegurança alimentar, sendo o sector agrícola considerado fundamental para combater as alterações climáticas. A cimeira sobre o clima COP28, realizada no Dubai, foi concluída com um acordo histórico que assinala um importante passo em frente na luta contra as alterações climáticas. O acordo, alcançado após dias de negociações, apela a todas as nações para que se afastem dos combustíveis fósseis, medidas que têm como objetivo limitar o aumento da temperatura a 1,5°C acima dos níveis pré-industriais. EuroNews (2023)

Por outro lado, o acordo foi elogiado como um avanço, mas grupos ambientalistas e ilhas insulares manifestaram a sua preocupação pelo facto de não haver uma transição justa e rápida para o abandono dos combustíveis fósseis. Estas acções visam cuidar do ambiente, através do investimento em energias renováveis e/ou verdes, da poupança de água evitando o desperdício, da mobilidade sustentável e da inovação na construção e na arquitetura, dando um maior impulso aos produtos e tecnologias sustentáveis. Neste sentido, muitos inovadores e empresas estão a tomar medidas para construir um futuro mais verde no planeta, através do avanço da transição energética para impulsionar a economia sustentável, de inovações sustentáveis que exploram os desafios do armazenamento de energia, de projectos de Inteligência Artificial para combater o desperdício de alimentos, rumo a um modo de vida mais sustentável. Neste sentido, os cientistas e estudiosos do tema procuram sensibilizar os indivíduos para a mudança de hábitos, de modo a travar os efeitos irreparáveis das alterações climáticas na vida do planeta. O trabalho será abordado através da revisão de documentos relacionados ao tema pesquisado.

Palavras-chave: Alterações climáticas, acções de sustentabilidade, sensibilização

III

Introdução

Dado que as alterações climáticas são provocadas pelos gases com efeito de estufa, que por sua vez são provocados pela queima de combustíveis fósseis para a produção de eletricidade, transportes, aquecimento, indústria e construção, pela exploração da pecuária, agricultura, tratamento de esgotos e aterros sanitários, bem como pelo crescimento exponencial da população, que necessita de mais recursos que aceleram o aumento dos gases com efeito de estufa em todos os processos de produção, fez com que o planeta entrasse naquilo a que a comunidade científica chamou o Antropoceno: como uma nova era geológica impulsionada pelo impacto do ser humano na Terra.

Por outro lado, a destruição dos ecossistemas terrestres e a desflorestação: as florestas e as florestas tropicais desapareceram rapidamente. Estas florestas são sumidouros naturais de carbono que, através da fotossíntese, absorvem o CO_2 e devolvem oxigénio à atmosfera. Do mesmo modo, nos ecossistemas marinhos, a destruição dos oceanos, que são também sumidouros naturais para a produção de oxigénio, acelerou o limite de absorção da quantidade de CO2, acidificando e provocando assim a morte e a doença da flora e da fauna marinhas. Por outro lado, o aumento global da temperatura pôs em perigo a sobrevivência da flora e da fauna da Terra, incluindo os seres humanos.

É de salientar que as alterações climáticas aumentam a ocorrência de fenómenos meteorológicos mais violentos, como furacões, ciclones, tufões, secas, chuvas, nevões, incêndios, morte de espécies animais e vegetais, transbordamento de rios e lagos, aparecimento de refugiados climáticos e destruição de meios de subsistência e de recursos económicos, especialmente nos países em desenvolvimento; O calor também provoca o derretimento do gelo nos pólos, causando a subida do nível do mar e ameaçando submergir as costas costeiras e os pequenos Estados insulares, o que resultará em mais mortes, pessoas deslocadas, desalojadas e danos materiais.

Por outro lado, as migrações em massa geraram a figura do refugiado climático, ainda não reconhecida pelas Nações Unidas, uma realidade que se estima que atinja mil milhões de pessoas até ao ano 2050. Perante isto, foi tomada uma série de medidas para limitar a emissão de gases com efeito de estufa, a fim de evitar o aumento da temperatura e poder adaptar-se ao ambiente através de políticas concebidas por acordos internacionais. No entanto, o aquecimento global tem consequências para os sistemas físicos, biológicos e humanos, provocando variações no clima que não ocorreriam naturalmente.

A Terra já aqueceu e arrefeceu naturalmente no passado, mas estes ciclos foram sempre muito mais lentos, ao passo que agora, em consequência da atividade humana, atingiu níveis que noutras épocas provocaram extinções em duzentos anos. Vale a pena esclarecer que a comunidade científica, a ONU e uma multiplicidade de agências internacionais têm alertado para a gravidade crescente dos impactos das alterações climáticas e para a necessidade de agir de forma mais decisiva contra as suas causas e consequências, especialmente nos países ricos e industrializados que mais causaram esta situação.

Por outro lado, de acordo com a ONU (2023), a cimeira COP 28, realizada no Dubai entre 30 de novembro e 12 de dezembro de 2023, encerrou o processo de reflexão, denominado "Global Stocktake", sobre a ação climática do Acordo de Paris em 2015. O objetivo é reconhecer os atrasos e os fracassos da ação climática até à data, bem como a necessidade e a oportunidade de agir de forma muito mais rápida e eficaz para retardar o avanço das alterações climáticas e maximizar a resiliência aos seus impactos, para tentar levar os países industrializados a acelerar o abandono rápido e progressivo da utilização de combustíveis fósseis, cuja queima é a principal causa da crise climática, que ameaça cada vez mais a vida humana e os ecossistemas, habitats e espécies de que precisamos para sobreviver.

Neste contexto, acordaram como objetivo triplicar a capacidade de produção de energia renovável até 2030, respeitando simultaneamente a biodiversidade e as comunidades locais nas suas instalações, a fim de

- Absorção do excesso de CO_2 da atmosfera
- Garantir a segurança do abastecimento de água, alimentos e outras necessidades humanas básicas.
- Proteger as comunidades e os sectores vulneráveis a fenómenos meteorológicos extremos e ao aumento generalizado da temperatura global e ao aumento dos níveis e da acidez dos oceanos.

Nessa ordem de ideias, na COP28 a SEO/Birdlife, em conjunto com outros movimentos da ciência e da sociedade civil, vai garantir compromissos climáticos que integrem a conservação e recuperação do ambiente natural para os próximos anos. Como terá consequências catastróficas para bilhões de pessoas e ecossistemas, conforme apontado pelo Painel Intergovernamental sobre Mudanças Climáticas (IPCC) (2023). Como o clima do mundo mudou historicamente; as temperaturas globais estão a aumentar a um ritmo sem precedentes, sendo os últimos oito anos os mais quentes de que há registo.

Tendo em conta que o calor tem aumentado a frequência e a gravidade dos fenómenos meteorológicos extremos: mais calor, secas e incêndios, chuvas extremas mais frequentes, processos de degelo que têm provocado a subida do nível do mar, é necessário continuar a lutar contra as alterações climáticas, gerando contributos de todas as áreas para a sustentabilidade ambiental. A obra através da revisão literária procura refletir sobre as alterações climáticas, acções de sustentabilidade ambiental e sensibilização para o tema.

Revisão da literatura

I.- Alterações climáticas versus direitos humanos

Todas as pessoas têm o direito de viver num ambiente limpo, saudável e sustentável. À medida que a crise climática se intensifica, este e outros direitos estão cada vez mais ameaçados. As alterações climáticas agravam as secas, os danos nas colheitas, a escassez de alimentos e os preços dos alimentos e, após décadas de declínio constante, a fome no mundo está novamente a aumentar. Esta escassez aumenta a concorrência pelos recursos e pode levar à deslocação das populações, à migração e aos conflitos, que, por sua vez, conduzem a outras violações dos direitos humanos.

As comunidades já vulneráveis e com menor consumo de combustíveis fósseis, como os agricultores de subsistência, os povos indígenas e as pessoas que vivem em Estados insulares de baixa altitude, que enfrentam a subida do nível do mar e tempestades mais intensas, são muitas vezes as que mais sofrem as consequências das alterações climáticas e são mais frequentemente ameaçadas no seu direito à saúde, à vida, à alimentação e à educação. O aquecimento global afecta muitos outros direitos em países de todos os níveis de rendimento, por exemplo, com o agravamento significativo da poluição atmosférica.

Isto também significa que os mosquitos transmissores de doenças se estão a espalhar para novas áreas. Nesta ordem de ideias, o calor extremo causa a morte de pessoas que trabalham ao ar livre e aumenta as taxas de mortalidade em lares de idosos e instalações médicas. De forma semelhante, nos países de elevado rendimento, os danos causados pela extração de combustíveis fósseis e pelas alterações climáticas ocorrem frequentemente nas chamadas "zonas de sacrifício", onde as comunidades já sujeitas a discriminação sofrem frequentemente de poluição prejudicial; e o desinvestimento significa que as infra-estruturas públicas estão mal equipadas para resistir a fenómenos meteorológicos extremos.

No entanto, no que se refere aos direitos humanos nos Emirados Árabes Unidos, sendo um grande produtor de combustíveis fósseis, o país tem um historial sombrio em matéria de direitos humanos, o que ameaça o êxito da cimeira.

Por outro lado, a promessa de permitir que "diferentes vozes sejam ouvidas" na COP28 é inadequada e serve para realçar o contexto normalmente restritivo dos direitos humanos dos EAU e as severas limitações que o país impõe aos direitos à liberdade de expressão e de reunião pacífica. A Amnistia Internacional elaborou um relatório exaustivo sobre a situação dos direitos humanos nos EAU.

A COP deve ser um fórum em que o direito à liberdade de expressão e de manifestação pacífica seja respeitado e em que a sociedade civil, os povos indígenas e as comunidades e grupos afectados pelas alterações climáticas possam participar abertamente e sem medo. Neste contexto, os cidadãos dos Emirados e as pessoas de qualquer nacionalidade devem poder criticar livremente os Estados, as empresas e as políticas, incluindo as dos EAU, a fim de ajudar a definir as políticas sem intimidação. É de notar que os EAU são um dos 10 maiores Estados produtores de petróleo do mundo e opõem-se à rápida eliminação progressiva dos combustíveis fósseis.

O sector dos combustíveis fósseis gera uma enorme riqueza para um número relativamente reduzido de empresas e Estados, que têm todo o interesse em bloquear uma transição justa para as energias renováveis e em silenciar aqueles que se lhes opõem. A COP28 foi presidida por Sultan al Jaber, que é também o CEO da ADNOC, a empresa estatal de petróleo e gás dos EAU, que está a expandir a sua produção de combustíveis fósseis. A Amnistia Internacional instou Sultan Al Jaber a demitir-se do seu cargo na ADNOC, por considerar que existe um claro conflito de interesses que ameaça o sucesso da COP28.

Este facto é sintomático da influência crescente que o *lóbi* dos combustíveis fósseis tem conseguido exercer sobre os Estados e sobre a COP.28 Tendo em conta

Por conseguinte, um acordo na COP28 para eliminar gradualmente os combustíveis fósseis de uma forma rápida, justa e financiada é essencial para proteger os direitos humanos. Além disso, os líderes governamentais e empresariais podem e devem fazer muito mais para travar o desenvolvimento crescente da produção de recursos de combustíveis fósseis, que é incompatível com as obrigações dos Estados em matéria de direitos humanos e com o objetivo de limitar o aquecimento global a menos de 1,5°C.

Por esta ordem, muitos países estão a investir na expansão das energias renováveis, mas é necessário muito mais para conseguir uma transição justa que dê acesso às energias renováveis a todos. No entanto, o financiamento público das energias renováveis, o poluidor-pagador e a eletrificação obrigatória são abordagens políticas que podem gerar impactos mensuráveis nas emissões. Além disso, estão em curso vários processos judiciais relacionados com as alterações climáticas e as violações de direitos. A Amnistia Internacional está envolvida em alguns desses processos, que demonstram que existem vias legais para responsabilizar os Estados e as empresas.

Neste contexto, as campanhas e o ativismo no domínio das alterações climáticas obtiveram vitórias significativas, demonstrando que a pressão das bases sobre os governos e as empresas para que deixem de investir em combustíveis fósseis pode contribuir para uma viragem. Uma vez que são os jovens e as comunidades minoritárias que estão a sofrer violações dos direitos humanos relacionadas com as alterações climáticas que estão na linha da frente destas iniciativas.

II.- A luta contra as alterações climáticas começa na escola

De acordo com María Soledad Liora Schwartz (2023), as alterações climáticas estão a provocar um aumento das temperaturas e da frequência e intensidade dos fenómenos de
eventos climáticos extremos, como ondas de calor, secas, inundações, deslizamentos de terra e tempestades tropicais, a um ritmo sem precedentes na América Latina e nas Caraíbas. Estas alterações climáticas estão a gerar impactos socioeconómicos devastadores na região. A educação tem um papel fundamental a desempenhar no apoio aos esforços de descarbonização e de aumento da resiliência às alterações climáticas, a fim de liderar a mudança e as acções concretas para a alcançar.

Em 2015, o Acordo de Paris sobre as Alterações Climáticas comprometeu os países a implementar estratégias para descarbonizar as suas economias e reduzir as emissões de gases com efeito de estufa, com o objetivo de manter o aumento da temperatura abaixo de 1,5°C em relação aos níveis pré-industriais. Ao mesmo tempo, os países identificaram estratégias para aumentar a resiliência às consequências das alterações climáticas para as pessoas, as comunidades e as suas economias.À primeira vista, estas duas questões parecem não estar relacionadas e, quando se pensa em alterações climáticas, vêm à mente questões como as energias renováveis, a economia circular, a agricultura sustentável e a resiliência às catástrofes climáticas.

No entanto, a ligação entre os dois é clara, não só porque as escolas podem fazer mais para reduzir a sua pegada de carbono, mas também porque as alterações climáticas são um fator que ameaça a continuidade da aprendizagem. Por exemplo, em 2021, os furacões e as tempestades tropicais Eta e Iota danificaram ou destruíram quase 1000 escolas nas Honduras e na Guatemala. Estes fenómenos meteorológicos levaram a que quase 700 escolas tivessem de ser utilizadas como abrigos. Entretanto, o furacão Mathew, em 2016, danificou mais de 300 escolas no Haiti e fez com que mais de 100 000 alunos perdessem a aprendizagem devido aos danos e à utilização das escolas como abrigos.

Nestas circunstâncias, e devido à baixa incorporação tecnológica, os sistemas educativos também não conseguiram implementar métodos de ensino alternativos de qualidade que permitissem a continuação da visão do

serviço nestas situações de emergência.

Por outro lado, a educação desempenha três papéis principais no acompanhamento e valorização da agenda dos países em matéria de descarbonização e de resiliência às alterações climáticas. De seguida, descrevem-se os três papéis da educação no combate às alterações climáticas:

1. **Educar para a cidadania verde:**

A educação desenvolve competências ~~essenciais~~ durante a idade escolar para dotar as crianças e os jovens de conhecimentos, valores e capacidade de ação a favor do ambiente, o que designamos por cidadania verde. Durante a idade escolar, os jovens adquirem também competências que lhes permitem aceder e ter sucesso em empregos relacionados com a descarbonização da economia, como a energia solar, os transportes eléctricos e a economia circular.

2. **Resiliência para evitar a interrupção da aprendizagem**:

Os sistemas educativos devem ser resilientes e capazes de continuar a funcionar face a fenómenos meteorológicos extremos, minimizando as perturbações na aprendizagem. Neste caso, é fundamental que as escolas se mantenham de pé face a ventos fortes ou que estejam situadas em locais que não sofram inundações frequentes. Além disso, os sistemas de ensino à distância bem desenvolvidos permitem que as crianças e os jovens continuem a aprender durante estas situações de emergência até poderem regressar à sala de aula.

3. **Serviço de educação sustentável:**

É essencial implementar práticas de sustentabilidade climática nas infra-estruturas escolares e no funcionamento dos serviços educativos para contribuir para os objectivos de descarbonização.Estas estratégias incluem a construção de escolas que minimizem o uso de energia ou água, transportes escolares eléctricos, hortas escolares para cultivar alimentos para as cantinas escolares, entre outras. Por outro lado, são apontadas 12 acções de combate às alterações climáticas a partir dos sistemas educativos:

a.- Como desenvolver a cidadania verde em idade escolar**?**

1. reformar os currículos e programas nacionais para incorporar o desenvolvimento da literacia ambiental ao longo de todo o ciclo escolar. Ambiente, biodiversidade e alterações climáticas; valorizar e respeitar a natureza, o ambiente e a biodiversidade; e comportamentos pró-ambientais. Isto inclui o incentivo a programas extracurriculares que permitam aos alunos complementar e contextualizar a educação sobre as alterações climáticas.

2. alargar a oferta de programas de ensino técnico-profissional e superior que desenvolvam competências para empregos verdes, em coordenação com as estratégias de crescimento e descarbonização dos países, o sector produtivo e os sistemas de formação profissional.

3. formar os professores para que tenham os conhecimentos e as competências necessárias para ministrar uma educação sobre as alterações climáticas com práticas pedagógicas eficazes, baseadas em projectos e na resolução de problemas, que promovam a aprendizagem ao longo da vida.

4) Desenvolver e adaptar ferramentas de medição das competências de cidadania ecológica para monitorizar a aprendizagem dos alunos e informar a política de educação para as alterações climáticas.

b.- Como aumentar a resiliência dos sistemas educativos?

5. incluir na conceção, construção e funcionamento das escolas estratégias de resiliência aos principais riscos climáticos. Por exemplo, quando a seca ameaça, instalar sistemas de recolha e tratamento de águas pluviais, ou quando as temperaturas sobem, assegurar a ventilação cruzada natural ou medidas de proteção solar.

6. dispor de planos de emergência para preparar o sistema educativo para modelos de ensino à distância, a fim de assegurar a continuidade do serviço educativo em situações de emergência meteorológica, até que seja possível regressar à sala de aula.

7) Aumentar o apoio socio-emocional aos estudantes antes, durante e depois de fenómenos meteorológicos extremos, em complemento dos esforços do sector da saúde.

c.- Como se pode alcançar a sustentabilidade climática nos edifícios de ensino e na prestação de serviços de educação?

8. incorporar estratégias de sustentabilidade climática na conceção, construção e utilização das infra-estruturas escolares. Por exemplo, utilizar painéis solares ou luzes LED para poupar energia, torneiras de fecho automático nas casas de banho para poupar água ou utilizar materiais de construção com baixo impacto energético e ambiental (locais, reciclados e/ou produzidos com menor consumo de energia).

9. alargar a utilização da tecnologia e dos sistemas digitais de gestão da educação com o objetivo de reduzir o transporte de pessoas e a utilização de papel para realizar os procedimentos educativos e gerir os recursos. Ou promover a educação à distância para certas modalidades de ensino (modalidades flexíveis de ensino secundário, formação de professores, tutoria à distância) que permitam reduzir o transporte de estudantes e professores e, assim, reduzir as emissões de GEE.

10. garantir que os dispositivos electrónicos sejam certificados como energeticamente eficientes e que a sua embalagem, reciclagem e eliminação sejam respeitadoras do ambiente

11. reduzir o impacto ambiental do transporte para a escola através da utilização de transportes públicos e de transportes escolares eléctricos.

12. reduzir o impacto ambiental dos programas de alimentação escolar, por exemplo, utilizando produtos locais e cultivados de forma sustentável, bem como promovendo a utilização de frutas e legumes provenientes de hortas escolares.

Por esta ordem, promover a ação climática e a resiliência para fazer face à emergência climática e cumprir os Objectivos de Desenvolvimento Sustentável, promover a proteção do ambiente e combater as alterações climáticas
através da redução das emissões de gases com efeito de estufa. A este respeito, muitos países não dispõem de recursos suficientes para corrigir os danos causados pelo aquecimento global, para se adaptarem às suas consequências e para protegerem os direitos da população. De acordo com o Acordo de Paris de 2015, os Estados com rendimentos mais elevados têm a obrigação de os apoiar.

Em 2009, os países de elevado rendimento, historicamente os maiores emissores de gases com efeito de estufa, prometeram 100 mil milhões de dólares por ano até 2020 para ajudar os países "em desenvolvimento" a reduzir as emissões e a adaptar-se às alterações climáticas.
Até agora, não cumpriram este compromisso de financiamento, embora o cumprimento de todas as promessas feitas e o aumento do financiamento dos programas de adaptação e de proteção social sejam essenciais para proteger os direitos.

Durante anos, os Estados com maiores rendimentos recusaram-se a pagar as perdas e danos causados pelas alterações climáticas nos países "em desenvolvimento". No entanto, na COP27 foi acordada a criação de um Fundo de Perdas e Danos. Na COP28 foi negociada a forma como o fundo será direcionado e gerido. Neste contexto, os países com rendimentos mais elevados, com o seu papel de credores e reguladores, e através da sua influência no Banco Mundial, proporcionarão um alívio da dívida e/ou empréstimos com condições menos rigorosas, a fim de ajudar a acelerar uma transição justa para as energias renováveis em todo o mundo.

III.- Os desafios das alterações climáticas como uma oportunidade para construir um mundo mais justo e sustentável, de acordo com os acordos da COP 28.

Nos acordos da COP28 para limitar o aquecimento global a 1,5°C, as emissões globais de gases com efeito de estufa devem ser reduzidas em 43% até 2030 e em 60% até 2035, em relação aos níveis de 2019, para atingir emissões líquidas nulas de dióxido de carbono até 2050. O acordo estabelece também que se iniciará o fim dos combustíveis fósseis. Um começo

o que, como salienta o diretor executivo internacional do Pacto Global da ONU, Sanda Ojiambo (2023), deixa "muito mais por fazer". Especialmente para aqueles que se opuseram à eliminação progressiva dos combustíveis fósseis no texto da COP28, dizendo-lhes que a eliminação progressiva dos combustíveis fósseis é inevitável, quer queiram quer não.

Nesse sentido, Antònio Guterres, Secretário-Geral das Nações Unidas, afirmou: "Embora no Dubai não tenhamos virado a página da era dos combustíveis fósseis, este resultado é o princípio do fim. Embora no Dubai não tenhamos virado a página da era dos combustíveis fósseis, este resultado é o princípio do fim. Por outro lado, Simon Stiell (2023), Secretário Executivo da Convenção-Quadro das Nações Unidas sobre as Alterações Climáticas, salientou que irá analisar e avaliar se as prioridades foram cumpridas e descobrir qual o papel que o Pacto Global da ONU Espanha desempenhou face a uma ameaça tão premente como as alterações climáticas:

Conclusões da COP28

A primeira avaliação global do Acordo de Paris não deixa margem para dúvidas: estamos ainda muito longe de limitar o aumento da temperatura a 1,5°C em relação aos níveis pré-industriais. Um contexto sublinha que os países em desenvolvimento são particularmente vulneráveis aos efeitos adversos das alterações climáticas e que são necessárias opções de atenuação viáveis, eficazes e de baixo custo em todos os sectores. Para limitar o aquecimento global a 1,5°C, o acordo estabelece que as emissões globais de gases com efeito de estufa devem ser reduzidas em 43% até 2030 e 60% até 2035, em relação aos níveis de 2019, e atingir emissões líquidas nulas de dióxido de carbono até 2050.

As acções das empresas devem ser orientadas para a atenuação, o financiamento do clima, a adaptação e a recuperação da biodiversidade. Uma cimeira que deixa três conclusões:

a.- A construção de consensos é fundamental e raramente é fácil - deveria mesmo ser fácil:

. A COP28 alcançou um acordo sem precedentes sobre o Acordo de Paris, embora não concorde com a "eliminação progressiva dos combustíveis fósseis" por completo e não chegue a eliminar os combustíveis fósseis. No entanto, a direção é clara.

b.- A ambição dos intervenientes não governamentais, nomeadamente do sector privado, é um sinal, mas necessita de um maior impulso.

Foram feitos muitos anúncios na COP28 e ficou claro que o sector privado tem um papel fundamental a desempenhar. A ação das empresas no domínio das energias renováveis e do financiamento da luta contra as alterações climáticas tem um papel fundamental a desempenhar, mas é necessário

Envolver mais empresas, adotar uma abordagem mais holística da ação climática, colaborar mais com as empresas para desenvolver planos nacionais de ação climática e ser mais ambicioso.

c.- Os esforços globais e locais devem assegurar uma transição efectiva e equitativa para as energias renováveis.

No entanto, ninguém deve ser deixado para trás e esta transição deve ser justa e equitativa. Um desenvolvimento no qual as empresas têm um papel crucial a desempenhar.

O Acordo do Dubai. Sob a égide da COP28, 198 países assinaram o Acordo do Dubai.

Um pacto que reconhece a necessidade de reduções profundas, rápidas e sustentadas das emissões de gases com efeito de estufa, em conformidade com as trajectórias de 1,5°C. Desta forma, foram alcançados os seguintes acordos:

- Objetivo para 2030: Triplicar a capacidade global de energias renováveis e duplicar a taxa média anual global de melhoria da eficiência energética.
- Redução do carvão: Acelerar a eliminação progressiva da utilização de energia baseada no carvão.
- Emissões zero: Avançar para sistemas energéticos com emissões líquidas nulas a nível mundial, utilizando combustíveis com baixo ou nulo teor de carbono até meados do século.
- Eliminação progressiva dos combustíveis fósseis: abandono dos combustíveis fósseis nos sistemas energéticos de forma justa e ordenada, aceleração da ação em matéria de desenvolvimento de tecnologias limpas: desenvolvimento de tecnologias com emissões nulas e baixas, como as energias renováveis, a energia nuclear e as tecnologias de captura e armazenamento de carbono.
- Década atual para atingir emissões líquidas nulas até 2050, especialmente nos sectores difíceis de reduzir
- Redução dos gases não carbónicos: Reduzir substancialmente as emissões de gases não carbónicos a nível mundial, com especial incidência na redução das emissões de metano até 2030.
- Transportes sustentáveis: Acelerar a redução das emissões nos transportes rodoviários através do desenvolvimento de infra-estruturas e da rápida adoção de veículos com emissões nulas ou baixas.

- Eliminação de subsídios ineficientes: Eliminar os subsídios ineficazes aos combustíveis fósseis que não resolvem o problema da pobreza energética e das transições justas.
- Duplicar até 2025 o financiamento da adaptação em relação aos níveis de 2019, travar e inverter a desflorestação e a degradação florestal e estabelecer planos nacionais de adaptação para todas as partes até 2030,
- Reduzir a escassez de água, conseguir uma produção alimentar e agrícola resiliente,
- Aumentar a capacidade de resistência das infra-estruturas às alterações climáticas, reduzir os efeitos das alterações climáticas na erradicação da pobreza, etc.

Em termos de cooperação internacional, reconhece o papel das empresas e salienta a necessidade de reforçar os incentivos, a regulamentação e as condições para orientar os investimentos com vista a uma transição global para a redução das emissões de CO2. Além disso, o Mecanismo Tecnológico apoiará o desenvolvimento através do reforço das capacidades, da partilha de conhecimentos, da assistência técnica e do papel da inteligência artificial nas alterações climáticas.

Por outro lado, o texto estabelece que os 198 países comprometidos com o Acordo apresentarão, de cinco em cinco anos, relatórios sobre as suas contribuições nacionais para combater as alterações climáticas. A transparência e a clareza dos relatórios são realçadas. Embora o acordo não imponha sanções em caso de incumprimento, serve como um roteiro partilhado para abordar a urgência de mudar os sistemas energéticos e comerciais para evitar consequências.

3.- A Espanha do Pacto Global da ONU responde ao apelo à ação climática

Na COP 28, realizada no Dubai, a UN Global Compact Espanha destacou-se pelo seu empenho e liderança na promoção da ação climática a nível empresarial. Um dos eventos notáveis organizados pelo UN Global Compact foi o Caring for Climate, uma reunião de executivos internacionais centrada na aceleração da redução de emissões para evitar catástrofes climáticas. Sanda Ojiambo (2023), diretor executivo internacional do Pacto Global da ONU, sublinhou a necessidade de colaboração global e de soluções inovadoras. Outros participantes de alto nível incluíram José Manuel Entrecanales, Diretor Executivo da Acciona, Ignacio Sánchez Galán, Diretor Executivo da Iberdrola, e Clara Arpa, Presidente do Pacto Global da ONU em Espanha.

Durante o evento, foram abordadas questões cruciais como o fim da guerra contra a natureza e a biodiversidade e a transição energética para a neutralidade climática. Outro destaque, as empresas líderes do SBTi, analisou as empresas espanholas que estão a liderar a definição de objectivos com base científica. Clara Arpa, (2023) abriu o evento e destacou a colaboração como uma ferramenta transformadora, destacando o papel do programa Climate Ambition Accelerator. Na mesma ordem de ideias, o responsável pelo ambiente, Miguel Arroyo, dialogou com Ligia Ramos, responsável regional da SBTi na América Latina, sobre o crescimento exponencial que a iniciativa SBTi está a registar no último ano.

O evento foi encerrado com um painel moderado por Salome Zurabishvili, CEO do Pacto Global da ONU na Geórgia, sobre a definição de objectivos com base científica, no qual participaram Megan Morikawa, diretora global de sustentabilidade do Grupo Iberostar, e Karen Tanaka, responsável pela ação climática da AmBev. O pavilhão de Espanha acolheu o evento Corporate Leadership in Climate Action, onde os líderes empresariais se reuniram para debater o papel essencial das empresas na resolução da crise climática. Clara Arpa salientou que cada vez mais empresas estão a fazer da luta contra as alterações climáticas uma prioridade.

As empresas espanholas foram instadas a aderir à iniciativa Forward Faster. No mesmo evento, Miguel Arroyo e Philippine Ménager, gestora de projectos para a ambição da COP na ECODES, partilharam os resultados do Climate Yearbook 2023, que analisa o envolvimento das empresas espanholas em iniciativas climáticas. Do total de empresas espanholas que se comprometeram com o SBTi líquido zero, 76% são parceiras do Pacto Global da ONU Espanha. Do mesmo modo, 94 % das empresas espanholas estão incluídas na classificação mais elevada do CDP Climate e mais de 200 empresas estão incluídas no registo da pegada de carbono do Gabinete Espanhol das Alterações Climáticas.

Para encerrar o evento, Lucas Ribeiro, responsável global pelo programa *Climate Ambition Accelerator*, moderou um painel de discussão sobre os marcos e a participação da cadeia de fornecimento em iniciativas climáticas, com a participação de Yolanda Fernández, diretora de ambiente, sustentabilidade, inovação e alterações climáticas da EDP, Mercedes Vázquez, responsável pelas alterações climáticas da REDEIA, Etienne Butruille, responsável pela sustentabilidade financeira do Banco Santander, e Tracy Wyman, responsável pela divulgação e envolvimento do SBTi.

Por outro lado, a CEOE e a UN Global Compact Spain organizaram um Encontro de Empresas Espanholas, que contou com a presença da Terceira Vice-Presidente e Ministra da Transição Ecológica e do Desafio Demográfico, Teresa Ribera, do Embaixador de Espanha nos Emirados Árabes Unidos, Iñigo de Palacio, e da Secretária de Estado da Energia, Sara Aagesen, entre outros. Neste encontro, Teresa Ribero (2023) expressou a sua impressão sobre o compromisso do sector empresarial espanhol na Cimeira do Clima. Abrindo um precedente na colaboração entre o sector empresarial e o governo espanhol, sublinhou a importância de trabalhar em conjunto para atingir os objectivos nacionais de redução das emissões de gases com efeito de estufa, representando os interesses da sociedade espanhola nos fóruns internacionais. O governo espanhol está a trabalhar em conjunto com o sector empresarial espanhol para evitar as consequências económicas e ambientais desastrosas das alterações climáticas, salientando que "a ação climática não pode esperar".

IV.- O início do fim da era dos combustíveis fósseis é o principal objetivo da COP 28 no Dubai

Os países reunidos no Dubai aprovaram, na quarta-feira, um roteiro para a "transição para longe dos combustíveis fósseis", um primeiro numa conferência da ONU sobre o clima, mas o acordo ficou aquém da exigência de eliminação progressiva do petróleo, carvão e gás. Após a adoção do documento final, o Secretário-Geral da ONU, António Guterres, afirmou que a menção ao maior contribuinte mundial para as alterações climáticas surge após muitos anos em que o debate sobre a questão esteve bloqueado. Guterres (2023) sublinhou que a era dos combustíveis fósseis deve terminar com justiça e equidade.

"Aos que se opuseram a uma referência clara à eliminação progressiva dos combustíveis fósseis no texto da COP28, quero dizer que a eliminação progressiva dos combustíveis fósseis é inevitável, quer queiram quer não. Esperemos que não seja demasiado tarde", afirmou.

A última edição da conferência anual das Nações Unidas sobre o clima teve lugar no Dubai, a maior cidade dos Emirados Árabes Unidos. A COP28 deveria ter sido concluída na terça-feira, 12 de dezembro, mas as intensas negociações que se prolongaram pela noite dentro sobre se o resultado deveria incluir um apelo à "redução gradual" ou à "eliminação progressiva" dos combustíveis fósseis - como o petróleo, o gás e o carvão - que aquecem o planeta, obrigaram a conferência a prolongar-se. Este importante ponto de discórdia opôs os activistas e os países vulneráveis às alterações climáticas às nações produtoras de petróleo durante grande parte das últimas duas semanas.

Na sua declaração, Guterres (2023) salientou que a ciência é clara, afirmando que limitar o aquecimento global a 1,5°C "será impossível sem eliminar gradualmente todos os combustíveis fósseis", tal como

reconhecido por uma coligação de países cada vez mais ampla e diversificada. Os mediadores da COP28
assumiu compromissos no sentido de triplicar a capacidade de produção de energias renováveis e duplicar a eficiência energética até 2030, e registou progressos em matéria de adaptação e financiamento, incluindo o lançamento do Fundo de Perdas e Danos. No entanto, o Secretário-Geral considerou que os compromissos financeiros são muito limitados e que é necessário muito mais para garantir a justiça climática para aqueles que estão na linha da frente da crise.

Muitos países vulneráveis estão a afogar-se em dívidas e correm o risco de se afogar com a subida do nível do mar. É tempo de aumentar o financiamento da adaptação, das perdas e danos e da reforma da arquitetura financeira internacional". Guterres (op.cit), argumentou que o mundo não se pode permitir "atrasos, indecisões e meias medidas" e insistiu que "o multilateralismo continua a ser a melhor esperança da humanidade". É essencial unirmo-nos em torno de soluções climáticas reais, práticas e significativas que sejam proporcionais à dimensão da crise climática, sublinhou Guterres (2023).

Neste sentido, o responsável da ONU pelo clima, Simon Stiell (2023), declarou que, na COP28, as iniciativas anunciadas no Dubai são apenas "uma tábua de salvação para a ação climática, não uma vitória na linha da meta". Stiell (op.cit). Segundo ele, o Global Stocktake, que visa ajudar as nações a alinhar os seus planos climáticos nacionais com o Acordo de Paris, revelou claramente que o progresso não é suficientemente rápido, mas está "inegavelmente" a ganhar ritmo. Ainda assim, a atual trajetória é ligeiramente inferior a três graus de aquecimento global, o que equivale a um "enorme sofrimento humano", de acordo com o responsável pelo clima, razão pela qual a COP28 deveria ter alcançado melhores resultados.

Em declarações aos jornalistas, a eurodeputada Stiell (2023) afirmou que a COP28 deveria ter marcado um fim firme ao principal problema climático da humanidade: "os combustíveis fósseis e a sua poluição, que está a queimar o planeta". "Este acordo assinado representa um conjunto de linhas de base ambiciosas, não uma realização completa". . Os próximos anos serão, por isso, cruciais para aumentar ainda mais a ambição e a ação climática." De notar que na COP 28 ocorreram três outros eventos relacionados com

1) O Fundo de Perdas e Danos, destinado a ajudar os países em desenvolvimento vulneráveis às alterações climáticas, ganhou vida no primeiro dia da COP. Até à data, os países comprometeram-se a contribuir com centenas de milhões de dólares para o fundo.
2) Compromissos de 3,5 mil milhões de dólares para reconstituir os recursos do Fundo Verde para o Clima
3) Novos anúncios num total de mais de 150 milhões de dólares para o Fundo dos Países Menos Desenvolvidos e o Fundo Especial para as Alterações Climáticas.
4) Um aumento de 9 mil milhões de dólares por ano do Banco Mundial para financiar projectos climáticos (2024 e 2025).
5) Cerca de 120 países aprovaram a Declaração da COP28 sobre Clima e Saúde para acelerar as acções destinadas a proteger a saúde das pessoas dos crescentes impactos climáticos.
6) Mais de 130 países subscreveram a Declaração da COP28 sobre Agricultura, Alimentação e Clima para apoiar a segurança alimentar e, ao mesmo tempo, combater as alterações climáticas.
7) Até à data, 66 países subscreveram o compromisso global de reduzir em 68% as emissões relacionadas com a refrigeração.

Por outro lado, foram alcançados acordos para as próximas reuniões das COP, tais como:

- A ronda de planos nacionais de ação climática está prevista para 2025, altura em que se espera que os países tenham avançado seriamente nas suas acções e compromissos.

- O Azerbaijão acolherá oficialmente a COP29 de 11 a 22 de novembro (2024), depois de ter recebido o apoio dos países da Europa de Leste na sequência da retirada da candidatura da Arménia O Brasil ofereceu-se para acolher a COP30 na Amazónia em 2025 (UNFCCC/ Kiara Worth)

No entanto, nem todas as delegações ficaram satisfeitas com o resultado das conversações sobre o clima. Anne Rasmussen (2023), representante de Samoa e mediadora principal da Aliança dos Pequenos Estados Insulares, observou que a decisão foi tomada durante a sua ausência da sala plenária, uma vez que o seu grupo ainda estava a coordenar a sua resposta ao texto.

Rasmussen (op. cit.) sublinhou a importância do processo de balanço global, observando que o aquecimento global ainda pode ser limitado a 1,5°C". Lamentou também a falta de "correção de rumo" e manifestou a sua desilusão: "precisávamos realmente de uma mudança exponencial nas nossas acções e não de manter o statu quo". Após a publicação do documento final, Harjeet Singh (2023), responsável pela estratégia política global da Rede Internacional de Ação Climática, afirmou à ONU News que "após décadas de prevaricação, a COP28 centrou-se finalmente nos verdadeiros culpados da crise climática: os combustíveis fósseis.

Assim, foi definido um rumo para nos afastarmos do carvão, do petróleo e do gás. Mas a resolução está viciada por lacunas que oferecem à indústria dos combustíveis fósseis numerosas vias de escape, apoiando-se em tecnologias não comprovadas e inseguras. Singh (op.cit), chamou às nações ricas "hipócritas... pois continuam a expandir as operações com combustíveis fósseis enquanto falam da transição verde". Por outro lado, os países em desenvolvimento ainda dependentes dos combustíveis fósseis ficam sem apoio financeiro adequado para a sua transição para as energias renováveis.

Embora a COP 28 tenha reconhecido o imenso défice financeiro para fazer face aos impactos climáticos, os resultados finais não conseguem obrigar as nações ricas a assumir as suas responsabilidades financeiras. No entanto, todos os anos são gastos 7 biliões de dólares em actividades que alimentam as alterações climáticas, através de ervas marinhas, extensões de rebentos verdes e flores semelhantes a ervas, que constituem uma solução eficaz para as alterações climáticas baseada na natureza. Por esta ordem, este valor é 30 vezes superior ao que é gasto anualmente em soluções ecológicas e representa 7% do PIB mundial, de acordo com o relatório da agência ambiental apresentado no Dubai.

Ou seja, quase sete triliões de dólares de financiamento público e privado são gastos todos os anos em actividades que prejudicam diretamente a natureza, um montante 30 vezes superior ao que é gasto anualmente em soluções verdes, segundo um relatório apresentado na Conferência do Dubai sobre Alterações Climáticas (COP28). O texto do Programa das Nações Unidas para o Ambiente (PNUA) revela que, apesar do tempo que se levou a travar os fluxos financeiros para sectores que danificam os bens mais valiosos da humanidade, estes investimentos continuam, e a publicação surge numa altura em que estão em curso negociações sobre a maior ação de sempre em prol da justiça climática.

Nesse sentido, o relatório State of Finance for Nature centra-se nos chamados "fluxos financeiros negativos para a natureza", sublinhando a urgência de enfrentar as crises interligadas das alterações climáticas, da perda de biodiversidade e da degradação dos solos. O documento sublinha que estes investimentos ultrapassam o montante anual investido em projectos baseados na natureza. Assim, 5 mil milhões de dólares destes fluxos financeiros negativos para o ambiente provêm do sector privado, o que representa 140 vezes mais do que os investimentos privados em soluções ecológicas, sendo que quase metade desse montante provém de cinco sectores: construção, serviços públicos de eletricidade, imobiliário, petróleo e gás e produtos alimentares e tabaco.

V.- Reduzir as emissões resultantes do aumento das alterações climáticas

O último relatório da Organização Meteorológica Mundial (OMM) confirma

A última década foi a mais quente de que há registo, de acordo com os dados do

Tendência do calor nos últimos 30 anos. Segundo o seu diretor, Petteri Taalas (2023), tal deve-se às "emissões de gases com efeito de estufa provenientes de actividades humanas". Marcado por temperaturas terrestres e oceânicas recorde. No entanto, a década de 2011-2020 assistiu a um aumento implacável da concentração de gases com efeito de estufa que acelerou a perda dramática de glaciares e a subida do nível do mar. O relatório é publicado no momento em que a Conferência das Nações Unidas sobre Alterações Climáticas, COP28, se aproxima do fim no Dubai.

No final da reunião COP28, os países chegaram a acordo sobre um novo fundo voluntário para pagar às nações vulneráveis as perdas e danos causados pelas alterações climáticas. Este aumento descontrolado da temperatura tem tido impactos profundos nas regiões polares e de montanha. O relatório decenal da OMM revela a "transformação dramática" que está a ocorrer nas regiões polares e de alta montanha. A agência das Nações Unidas alerta também para o facto de as perturbações climáticas estarem a comprometer o desenvolvimento sustentável, com consequências terríveis para a segurança alimentar global, as deslocações e a migração.

Neste sentido, Taalas (op.cit), observou: "Estamos a perder a corrida para salvar os nossos glaciares e camadas de gelo em fusão. Temos de reduzir as emissões de gases com efeito de estufa como prioridade máxima e absoluta do planeta, a fim de evitar que as alterações climáticas fiquem fora de controlo". Por outro lado, o relatório pinta um quadro sombrio, mas também destaca desenvolvimentos positivos, incluindo o sucesso dos esforços internacionais no âmbito do Protocolo de Montreal, que visa eliminar os produtos químicos que empobrecem a camada de ozono, e que reduziu o buraco na camada de ozono da Antárctida durante o período 2011-2020.

Por outro lado, os avanços na previsão, nos sistemas de alerta precoce e na gestão coordenada de catástrofes reduziram o número de vítimas causadas por fenómenos extremos. No entanto, as perdas económicas aumentaram; embora o financiamento público e privado da luta contra as alterações climáticas tenha quase duplicado de 2011 a 2020, é necessário um aumento de sete vezes até ao final da década para atingir os objectivos climáticos.

VI.- Redução das emissões de refrigeração: um compromisso de 60 países na COP28

Os sistemas de refrigeração são um dos principais factores que contribuem para as alterações climáticas. Neste contexto, mais de 60 países assinaram o "compromisso de refrigeração" para reduzir o impacto climático do sector da refrigeração, o que poderia também proporcionar "acesso universal à refrigeração que salva vidas, aliviar a pressão sobre as redes de energia e poupar triliões de dólares até 2050". Neste contexto, o Programa das Nações Unidas para o Ambiente (PNUA) estima que mais de mil milhões de pessoas correm um risco elevado de calor extremo devido à falta de acesso à refrigeração, a grande maioria em África e na Ásia.

Além disso, quase um terço da população mundial está exposta a ondas de calor mortais mais de 20 dias por ano. A refrigeração proporciona alívio às pessoas e é também essencial para outras áreas e serviços críticos, como a segurança alimentar global e o armazenamento e fornecimento de vacinas. Mas, ao mesmo tempo, a refrigeração convencional, como o ar condicionado, é um dos principais factores que contribuem para as alterações climáticas, sendo responsável por mais de 7% das emissões globais de gases com efeito de estufa. Se não for corretamente gerida, a necessidade de energia para a refrigeração de espaços triplicará até 2050, juntamente com as emissões associadas.

De um modo geral, quanto mais tentamos manter-nos frescos, mais aquecemos o planeta. E se as actuais tendências de crescimento se mantiverem, o consumo gerado pelos equipamentos de refrigeração, que atualmente representam 20% do consumo total de eletricidade, duplicará até 2050. Nesta ordem de ideias, os sistemas de refrigeração actuais, como os aparelhos de ar condicionado e os frigoríficos, consomem grandes quantidades de energia e utilizam frequentemente fluidos refrigerantes que aquecem o planeta. O último relatório do PNUA mostra que a adoção de medidas para reduzir o consumo de energia dos equipamentos de refrigeração poderia levar a uma redução de pelo menos 60% das emissões sectoriais previstas até 2050.

Além disso, o sector da refrigeração deve crescer para proteger todos do aumento das temperaturas, manter a qualidade e a segurança dos alimentos, manter as vacinas estáveis e as economias produtivas, afirmou Inger Andersen (2023), diretora executiva da agência das Nações Unidas, que lançou o relatório, referindo que este crescimento não deve ser feito à custa da transição energética e de impactos climáticos mais intensos. Neste contexto, o relatório foi divulgado em apoio do *Compromisso Global de Arrefecimento*, uma iniciativa conjunta dos Emirados Árabes Unidos e da *Coligação* para o *Arrefecimento* liderada pelo PNUA.

O relatório descreve as medidas a adotar nas estratégias de refrigeração passiva, como o isolamento térmico, a ventilação, as normas de eficiência energética e a redução dos fluidos refrigerantes de hidrofluorocarbonetos (HFC), que provocam o aquecimento do clima. No entanto, tendo em conta este relatório, recomenda-se a adoção de medidas que possam reduzir as emissões projectadas da refrigeração em cerca de 3,8 mil milhões de toneladas de equivalente CO2 até 2050. Isto significaria:

- Permitir que mais 3,5 mil milhões de pessoas beneficiem de frigoríficos, aparelhos de ar condicionado ou refrigeração passiva até 2050
- Reduzir as facturas de eletricidade dos utilizadores finais em 1 bilião de dólares até 2050, e em 17 biliões de dólares cumulativamente de 2022 a 2050
- Reduzir o pico da procura de energia em 1,5 a 2 terawatts (TW), quase o dobro da atual capacidade total de produção da União Europeia.

- Evitar investimentos de 4 a 5 triliões de dólares na produção de energia

VII - O financiamento do clima, nos acordos da COP28.

Gemma Duran Romero (2023), recorda que a Conferência das Partes sobre
O principal objetivo da Conferência sobre Alterações Climáticas (COP28), que decorreu nos últimos dias no Dubai, era fazer um balanço global do grau de aplicação do Acordo de Paris de 2015 e avaliar os progressos realizados para limitar o aquecimento global a 1,5 °C. Tal como em conferências anteriores, foram também abordadas outras questões, como os combustíveis fósseis, o financiamento do clima e o fundo para perdas e danos climáticos. Neste contexto, a questão do financiamento para fazer face às alterações climáticas é fundamental.

A este respeito, em 2023, a Organização Meteorológica Mundial publicou o relatório *United in Science*, que indica que, entre 1970 e 2021, foram registadas cerca de 12 000 catástrofes devido a fenómenos meteorológicos, climáticos e hidrológicos extremos. Em termos económicos, estas catástrofes custaram cerca de 4,3 biliões de dólares e ocorreram sobretudo nos países em desenvolvimento. Entretanto, coincidindo com a COP28, foi publicado o relatório "Loss and damage, how climate change is impacting production and capital", de J. Rising, da Universidade de Delawere (EUA).

O relatório inclui estimativas, país a país, das perdas económicas devidas às alterações climáticas. Noutra frente, o relatório indica que os fenómenos meteorológicos extremos são responsáveis por perdas de 1% do PIB. Estas perdas são 10 vezes mais elevadas nos países de baixo rendimento e nas regiões tropicais. Assim, para além do impacto económico, há um impacto humanitário devido ao empobrecimento da população mais vulnerável, cerca de 3,5 mil milhões de pessoas, segundo o Painel Intergovernamental sobre as Alterações Climáticas.

Entre este grupo populacional encontram-se mulheres e jovens que são obrigados a migrar para outros locais, hipotecando o futuro das suas comunidades e países. Neste contexto, a crise climática exige investimentos para a atenuação e a adaptação. Isto exige um financiamento que nem sempre está ao alcance dos países em desenvolvimento. Além disso, este problema de investimento e financiamento para as crises climáticas é antigo. Na COP15, em 2009, os países desenvolvidos comprometeram-se a mobilizar cerca de 100 mil milhões de dólares por ano para a ação climática até 2020. Este objetivo foi reafirmado na COP16. E em 2011, foi criado o Fundo Verde para o Clima.

O objetivo era financiar acções de atenuação e adaptação às alterações climáticas por parte da comunidade internacional. No entanto, apesar dos compromissos assumidos, o financiamento climático mobilizado pelos países desenvolvidos está longe de ser alcançado. Em 2022, a Organização para a Cooperação e Desenvolvimento Económico apresentou um balanço dos fundos mobilizados, tendo sido disponibilizados apenas 83,3 mil milhões de dólares em 2020. Deste montante, 8% foram para os países de baixo rendimento, que são os mais afectados pelas alterações climáticas. O restante foi para os países de rendimento médio.

No entanto, a questão do financiamento foi retomada na COP26, com carácter de urgência, e foi incluída no Pacto Climático de Glasgow. Com ele, os países desenvolvidos comprometeram-se a atingir o objetivo de 100 mil milhões de dólares por ano até 2023. Um ano depois, na COP27, foi aprovado um Fundo de Perdas e Danos que começará a funcionar no dia de abertura da COP28. Este fundo baseia-se num sistema de afetação de recursos financeiros, de acordo com as provas disponíveis. As contribuições são voluntárias e provêm de países desenvolvidos e emergentes.

O fundo será gerido durante quatro anos pelo Banco Mundial. Não se especifica quais os países que receberão a ajuda, mas garante-se uma percentagem mínima de recursos para os países menos desenvolvidos e para as pequenas ilhas. Este fundo, enquanto tal, tem uma contribuição de 656 milhões de dólares; um montante que representa 1% do total das verbas autorizadas durante anos, e que está longe dos custos anuais estimados gerados pelas alterações climáticas, estimados para o ano 2030 entre 290 e 580 mil milhões de dólares.

A ação climática exige o acesso a energia acessível, sustentável, limpa e inclusiva, bem como medidas de adaptação, para as quais é necessário mobilizar recursos financeiros adicionais. A este respeito, as organizações internacionais e os bancos multilaterais de desenvolvimento propuseram conjuntamente acções concretas e urgentes para aumentar o financiamento. No entanto, algumas das acções inovadoras mais discutidas referem-se ao acordo entre as principais instituições financeiras internacionais e os países para oferecer cláusulas de dívida resilientes às alterações climáticas nos seus empréstimos.

Estes empréstimos permitirão aos países suspender o pagamento da dívida quando forem afectados por catástrofes climáticas, como o Reino Unido anunciou para o Senegal. O Banco Interamericano de Desenvolvimento ofereceu 1,2 mil milhões de dólares em empréstimos abrangidos pelas cláusulas de dívida resiliente. Neste contexto, o Banco Mundial comprometeu-se a suspender a dívida e os juros durante dois anos em caso de catástrofe natural. Consequentemente, outras instituições, como o Banco Africano de Desenvolvimento, o Banco Europeu para a Reconstrução e o Desenvolvimento e a Agência Francesa de Desenvolvimento, anunciaram planos para integrar estas cláusulas nos contratos de empréstimo soberano.

Akinwumi Adesina (2023), presidente do Banco Africano de Desenvolvimento, na Cimeira sobre o Financiamento da Adaptação para África durante a COP28, em 1 de dezembro de 2023, no Dubai (Emirados

Árabes Unidos). Flickr / COP28 / Christopher Edralin, CC BY-NC-SA apresentou a criação de um mecanismo de financiamento híbrido, proposto pelo Banco Africano de Desenvolvimento e pelo Banco Interamericano de Desenvolvimento, que permitirá que os direitos de saque especiais não utilizados, para além das reservas, sejam utilizados como instrumentos de empréstimo para o financiamento do clima e do desenvolvimento. Este canal de financiamento será efectuado através dos bancos multilaterais de desenvolvimento.

Assim, a par destas medidas, destacam-se outros investimentos orientados para as alterações climáticas. Estes investimentos foram anunciados pelo Banco de Desenvolvimento da América Latina, o Banco Asiático de Desenvolvimento, o Banco Europeu de Investimento e os Bancos Públicos de Desenvolvimento da Coligação Verde da Bacia Amazónica. No que diz respeito à contribuição do investimento privado, destaca-se o fundo Altérra, proposto pelos Emirados Árabes Unidos com o objetivo de proporcionar aos países do Sul Global um melhor acesso ao financiamento climático. O objetivo é mobilizar 250 mil milhões de dólares a nível mundial até 2030.

Este fundo foi dividido em duas secções. Uma, a Altérra Acceleration, com uma dotação de 25 mil milhões de dólares, para afetar capitais diretamente ou através de fundos de investimento. A outra, Altérra Transformation, com 5 mil milhões de dólares, para mitigação de riscos, ajudando a promover o investimento no Sul Global. Neste contexto, pode-se concluir que a COP28 começou a colocar a chave na melodia do financiamento, embora não completamente, porque ainda há países como os países africanos que estão a exigir acções concretas para o financiamento da adaptação no continente.

Além disso, um dos parceiros do PNUA que contribuiu para o relatório foi a Global Canopy, uma organização sem fins lucrativos baseada em dados que se centra nos factores de mercado que afectam negativamente a natureza. O seu diretor executivo, Niki Mardas (2023), disse à UN News que existe um grupo de empresas ou instituições financeiras que podem estar a fazer investimentos positivos para o ambiente.

Fazem muito barulho sobre o assunto, mas não são claras sobre a sua exposição a investimentos negativos na natureza, especialmente quando se trata das suas cadeias de abastecimento. Neste sentido, Mardas (op.cit), observou que, embora estas empresas devam continuar a fazer investimentos positivos, devem também fazer o trabalho difícil e complexo de compreender de que forma estão a causar o problema e devem começar a resolvê-lo, envolvendo as empresas das suas carteiras, bem como as empresas das suas cadeias de abastecimento, para que alterem as suas operações e comportamentos.

Mardas (op.cit) deu o exemplo da luta contra a desflorestação, que procura atingir um saldo líquido nulo de emissões. No entanto, apenas 20% das 700 instituições financeiras que se comprometeram a atingir um saldo líquido nulo no âmbito da Glasgow Finance Alliance tomaram alguma medida. Neste sentido, a maior ação que pode ser tomada em prol da natureza, do clima e das pessoas é o financiamento verde. Tendo em conta

que tem de ser financiado de uma forma ecológica, mas também esses sete biliões de dólares de financiamento têm de ser ecológicos.

Caso contrário, ficaremos sempre presos nesse ciclo. Por conseguinte, numa conferência de imprensa realizada no Dubai, Mirey Atallah (2023), diretora da secção Natureza para o Clima do PNUA, afirmou que o relatório mostra que a crise climática continua a ultrapassar os esforços para a conter. O financiamento é "o grande facilitador e, sem dinheiro a fluir na direção certa, não é possível atingir os objectivos estabelecidos" na Cimeira da Terra de 1992, no Rio de Janeiro, para enfrentar os desafios interligados das alterações climáticas, da desertificação e da perda de biodiversidade.

Atallah (op.cit) afirmou que o PNUA quer utilizar os dados para mostrar que o dinheiro utilizado para prejudicar a natureza pode e deve ser desviado para ter um impacto positivo, e sublinhou que a COP28 deve ser o ponto de viragem. Afirmou que a escassez crónica de financiamento para soluções baseadas na natureza não se deve a uma falta de fundos, "é apenas porque o dinheiro está a ir na direção errada".

Para convencer as empresas privadas a fazerem os investimentos corretos, é necessário criar os quadros jurídicos necessários para canalizar os fundos para soluções respeitadoras da natureza. Atallah (2023) acrescentou que algumas instituições financeiras privadas já começaram a ter em conta os impactos climáticos quando solicitam empréstimos, o que pode ajudar a "mudar a direção dos investimentos".

VIII - CEPAL, investir entre 3,7% e 4,9% do seu PIB em financiamento climático

A Comissão Económica para a América Latina e as Caraíbas (CEPAL) apresentou um relatório sobre as necessidades de financiamento e políticas na região para a transição para uma economia de baixo carbono e resistente ao clima, bem como sobre as tendências actuais das emissões regionais. O relatório salienta a importância do financiamento em sectores como a agricultura, a pecuária e a silvicultura, que representam, a nível regional, 58% das emissões de gases com efeito de estufa. Atualmente, o financiamento é principalmente orientado para a atenuação, em detrimento das medidas de adaptação.

Em 2020, 89% do financiamento global da luta contra as alterações climáticas destinava-se à atenuação, 8% à adaptação e apenas 3% a acções transversais. Nessa ordem, a mudança climática é um dos maiores desafios do nosso tempo. Durante anos, a CEPAL analisou os seus impactos na América Latina e nas Caraíbas e constatou que o custo da inação excede o custo da ação (...) e que o aquecimento global agravará os efeitos negativos dos fenómenos meteorológicos extremos", advertiu o secretário executivo da Comissão. José Manuel Salazar-Xirinachs (2023), especificou que a América Latina e as Caraíbas estabeleceram o objetivo de reduzir as emissões em 24-29% até 2030, "mas, para isso, a taxa de descarbonização na região (0,9%) teria de ser quatro vezes mais rápida".

De acordo com o estudo, o cumprimento dos compromissos em matéria de ação climática exige também um investimento anual de 3,7% a 4,9% do PIB regional até 2030.

A título de comparação, em 2020, o financiamento da luta contra as alterações climáticas na América Latina e nas Caraíbas representou apenas 0,5 % do PIB regional. Por conseguinte, para colmatar o défice de financiamento climático, é necessário aumentar a mobilização de recursos nacionais e internacionais em sete a dez vezes. O documento especifica os investimentos necessários para a transição energética, a eletrificação dos transportes públicos, as medidas de mitigação para evitar a desflorestação, a conservação da biodiversidade, os sistemas de alerta precoce e a prevenção da pobreza, entre outros domínios.

Especificamente, para as acções de atenuação, o investimento necessário seria equivalente a 2,3%-3,1% do PIB anual da região. Estes fundos devem financiar os sistemas de energia e de transportes e a redução da desflorestação. O sector dos transportes é o que requer mais investimento. As medidas de adaptação requerem 1,4-1,8% do PIB anual da região. Isto inclui investimentos em sistemas de alerta precoce, prevenção da pobreza, proteção das zonas costeiras, serviços de água e saneamento e proteção da biodiversidade.

Nesta categoria, os maiores montantes destinam-se à água e ao saneamento, refere o documento. Na mesma linha, Salazar-Xirinachs (2023), explicou que o aumento do financiamento climático também pode trazer outros benefícios para além dos ambientais, incluindo benefícios económicos e sociais. Neste sentido, um maior investimento em medidas de mitigação e adaptação seria um importante impulso para o crescimento, a criação de emprego e o desenvolvimento social. Por outro lado, se não forem tomadas medidas, as alterações climáticas podem conduzir a perdas.

O relatório mostra que, até 2030, a perda de produtividade do trabalho devido ao stress térmico poderá atingir 10% em alguns países, o que afectaria diretamente o potencial de crescimento da região. Além disso, o impacto dos fenómenos extremos deve ser tido em conta. O documento destaca a necessidade de canalizar os fluxos de investimento para actividades que estimulem os sectores motores da economia, com vista a alcançar um desenvolvimento mais produtivo, inclusivo e sustentável. Neste sentido, a CEPAL identificou vários sectores relevantes e áreas de oportunidade para o crescimento económico, incluindo a transição energética, a electromobilidade, a economia circular, a bioeconomia, a indústria farmacêutica, os serviços digitais e a economia do cuidado, entre outros.

O documento também especifica diferentes instrumentos, como o preço do carbono e a inclusão das alterações climáticas nas avaliações de impacto ambiental dos projectos. O documento intitulado "Economia das alterações climáticas na América Latina e nas Caraíbas. Necessidades de financiamento e instrumentos políticos para a transição para economias de baixo carbono e resilientes ao clima (**The Economics of Climate Change in Latin America and the Caribbean, 2023. Necessidades de financiamento e ferramentas políticas para a transição para economias de baixo carbono e resilientes ao clima**). Este documento apresenta as tendências actuais das emissões regionais, os compromissos de ação climática e as estimativas do investimento necessário para cumprir as Contribuições Nacionalmente Determinadas (NDC).

Estabelece também diretrizes a seguir na procura de um desenvolvimento inclusivo, sustentável e justo para a região. Foi apresentado pela mais alta autoridade da Comissão Económica para a América Latina e as Caraíbas (CEPAL) durante o evento paralelo da COP28 "Cooperação económica entre Espanha e América Latina para o financiamento climático", realizado no pavilhão espanhol do evento global, que foi moderado por Gonzalo Muñoz, Campeão de Alto Nível das Nações Unidas para o Clima da COP25 e membro da direção do GFANZ LAC.

Alicia Montalvo, Gestora de Ação Climática e Biodiversidade Positiva do CAF - Banco de Desenvolvimento da América Latina; Ricardo Marshall, do Programa Roofs to Reefs (R2RP) do Gabinete do Primeiro-Ministro de Barbados; e Elsa Velasco, Chefe de Equipa do EUROCLIMA+

2020 no FIIAPP, também participaram no evento. O documento refere que, até 2030, a perda de produtividade do trabalho devido ao stress térmico poderá atingir 10% em alguns países, o que afectaria diretamente o potencial de crescimento da região. Além disso, o impacto dos fenómenos extremos deve ser tido em conta.

Salienta a importância do financiamento em sectores económicos fundamentais, como a alteração do uso do solo, a agricultura, a pecuária e a silvicultura, que, a nível regional, são responsáveis por 58% das emissões de gases com efeito de estufa. Atualmente, o financiamento é orientado para a atenuação em detrimento da adaptação e das acções transversais. No entanto, de acordo com o estudo, para colmatar o défice de financiamento climático é necessário aumentar a mobilização de recursos nacionais e internacionais entre 7 a 10 vezes, afirmou Salazar-Xirinachs (2023).

Investir na ação climática pode trazer benefícios não só ambientais, mas também económicos e sociais, uma vez que os níveis de investimento e financiamento das medidas de mitigação e adaptação darão um importante impulso ao crescimento, ao emprego e ao desenvolvimento social. Nas recomendações, o documento destaca a necessidade de coordenar políticas e alinhar o sistema financeiro para canalizar os fluxos de investimento para actividades produtivas que impulsionem os sectores que são os motores da economia, a fim de alcançar um desenvolvimento mais produtivo, mais inclusivo e mais sustentável.

A este respeito, indicou que os países da região devem intensificar e aumentar as suas políticas de desenvolvimento produtivo. Reiterou que a CEPAL identificou vários sectores dinâmicos, áreas de oportunidade para o crescimento económico e colaboração. A CEPAL continua empenhada e continuará a trabalhar para um futuro ambientalmente sustentável, socialmente inclusivo e economicamente competitivo na América Latina e nas Caraíbas", concluiu José Manuel Salazar-Xirinachs.

IX - Acções para a Sustentabilidade Ambiental do Planeta

Cuidar do ambiente e melhorar a qualidade de vida está ao alcance de todos. Para o Dia da Terra, *a National Geographic* oferece uma lista de actividades que pode implementar no seu dia a dia para, de acordo com a Organização das Nações Unidas (ONU), contribuir para o ambiente e limitar as alterações climáticas na Terra. A sustentabilidade refere-se a um modelo de desenvolvimento que satisfaz as necessidades do presente sem comprometer a capacidade das gerações futuras de satisfazerem as suas próprias necessidades. Neste sentido, apresentamos a seguir 10 acções sustentáveis para a sustentabilidade do planeta:

1. poupança de energia luminosa e aproveitamento da luz solar

Quando sair de casa, uma ação para contribuir para o cuidado dos recursos e do ambiente é verificar se as luzes que não são úteis estão desligadas. Além disso, pode abrir as janelas e deixar passar a luz do sol para iluminar a casa durante o dia.

2. Alterar o tipo de energia gerida no agregado familiar

De acordo com a primeira recomendação, substituir as luzes de uma casa por lâmpadas LED é uma forma de contribuir para o ambiente e poupar nos custos de energia. Estas lâmpadas proporcionam mais luz, consomem menos energia e pagam-se a si próprias durante um período de tempo mais longo. De acordo com a ONU, grande parte da nossa eletricidade é produzida a partir de carvão, petróleo e gás, o que afecta a emissão de dióxido de carbono (CO2) para o ambiente.

3. Desligar os aparelhos eléctricos não utilizados.

Poupe energia reduzindo a utilização do aquecimento e do ar condicionado, bem como desligando da tomada os aparelhos que estão fora de uso, mas que continuam a consumir energia com as suas luzes intermitentes, relógios ou censores de controlo remoto.

4. Métodos de transporte alternativos

É possível alternar a utilização de um veículo pessoal a gasóleo ou a gasolina com deslocações curtas a pé ou de bicicleta, o que reduz as emissões de gases com efeito de estufa e melhora o desempenho da saúde através do exercício físico. A ONU explica que a utilização consciente do automóvel, mesmo substituindo-o por transportes públicos nas deslocações mais longas, pode reduzir a sua pegada de carbono até 2 toneladas de CO_2 por ano.

5. Consumir mais legumes e produtos agrícolas sustentáveis.

Em princípio, os produtos agro-ecológicos não utilizam fertilizantes ou outros poluentes na sua fase de produção. Além disso, a ONU sugere que se coma mais legumes, frutas, cereais integrais, leguminosas, frutos secos e sementes e menos carne e produtos lácteos, pois isso pode reduzir consideravelmente o impacto ambiental.

6. Separar os resíduos, reparar e reciclar

A Assembleia responsável pela Agenda 2030 para o Desenvolvimento Sustentável alerta para o facto de cada artigo consumido pelo ser humano gerar emissões de carbono em todos os elos da cadeia de produção (electrodomésticos, vestuário, artigos diversos). É por isso que a ONU sugere que se remende a roupa que ainda é útil, que se faça compras conscientes das necessidades pessoais e que se recicle o que já não é utilizado. Além disso, as pessoas podem reciclar os resíduos separando os resíduos orgânicos (alimentos), não orgânicos (papel) e plásticos.

7. Utilizar menos plástico

Uma forma de utilizar menos plástico é levar sacos de pano, sacos de juta ou reutilizar sacos de plástico quando se faz compras. Cada vez mais supermercados estão a vender sacos para evitar a sua utilização e gerar um custo adicional para o cliente e incentivar a reciclagem, diz a UNO.

8.- **Desperdiçar menos alimentos**

Quando deitamos comida fora, também desperdiçamos os recursos e a energia que foram utilizados para a cultivar, produzir, embalar e transportar", afirma a Agência Internacional. A decomposição dos alimentos, tal como os resíduos animais, produz um gás com efeito de estufa chamado metano.

9. Compostagem de resíduos orgânicos

A reutilização de resíduos alimentares e animais na produção de composto é um método eficaz, recomendado pela ONU, para desperdiçar menos alimentos e compostar plantas domésticas de forma natural. A redução dos resíduos alimentares pode reduzir a pegada de carbono até 300 quilogramas de CO2 por ano.

10. Plantação e sementeira de árvores

As plantas são uma fonte natural de vida e produzem o oxigénio que os seres vivos da Terra respiram. São essenciais à natureza, pelo que a UNO recomenda a plantação de uma árvore ou de arbustos em sua casa e/ou na comunidade onde vive.

Por outro lado, para contribuir para a sustentabilidade, é necessário compreender que os problemas que a afectam não se restringem às grandes empresas, uma vez que, de uma forma ou de outra, todos contribuímos para a sustentabilidade do planeta. Nesta ordem de ideias, as soluções para os problemas que afectam o desenvolvimento sustentável não se devem limitar apenas às políticas, estratégias e normas concebidas e estabelecidas nas empresas. Embora possam parecer insignificantes, as nossas acções individuais podem contribuir de forma considerável e positiva para a sustentabilidade, é a sensibilização que pode conduzir a um desenvolvimento verdadeiramente sustentável. De seguida, apresentamos um conjunto de medidas que devem ser consideradas para contribuir para esta causa tão importante:

Reduzir (não desperdiçar recursos)

- Controlar o consumo de água na higiene, rega e piscinas.

- Incorporar dispositivos de poupança de água nas torneiras e cisternas.
- Duche rápido; feche as torneiras enquanto escova os dentes, faz a barba ou se ensaboa.
- Proceder à rega gota a gota, regar cedo e ao fim do dia.
- Reduzir o consumo de energia na iluminação, utilizar lâmpadas economizadoras de energia: fluorescentes compactas e LED (Light Emitting Diode).
- Apagar as luzes desnecessárias (vencer a inércia) e aproveitar ao máximo a luz natural.
- Utilize sensores de movimento para acender a luz apenas quando necessário
- Reduzir o consumo de energia para aquecimento, refrigeração e cozinha.
- Isolar (aplicar normas de isolamento adequadas às habitações)
- Não regular a temperatura demasiado alta (manter quente) ou demasiado baixa (ventilar melhor, utilizar toldos, persianas, etc.); utilizar um temporizador e colocar os termóstatos em locais adequados.
- Desligar os radiadores ou aparelhos de ar condicionado desnecessários (vencer a inércia).
- Cozinhar eficazmente: utilizar o calor residual, não aquecer mais água do que a necessária e não pré-aquecer o forno se não for necessário.
- Reduzir o consumo de energia nos transportes, utilizar os transportes públicos, andar de bicicleta e/ou a pé.
- Organizar a deslocação de várias pessoas no mesmo veículo.
- Reduzir a velocidade, conduzir de forma eficiente.
- Evitar os elevadores sempre que possível.
- Carregar corretamente as máquinas de lavar roupa, louça, etc.

- Desligue completamente a televisão, o computador e outros aparelhos eléctricos.
- Quando não estiver a ser utilizado, desligue os carregadores dos telemóveis e de outros dispositivos electrónicos.
- Reduzir o consumo das pilhas ou utilizar pilhas recarregáveis.
- Descongelar regularmente o frigorífico, verificar se as portas fecham corretamente, verificar as caldeiras e os aquecedores.
- Reduzir o consumo de energia na alimentação eléctrica, melhorando-o ao mesmo tempo.
- Consumir produtos sazonais e de agricultura biológica.
- Reduzir a utilização de papel, evitar imprimir documentos que possam ser lidos no ecrã.
- Escrever, fotocopiar e imprimir em frente e verso e com economia de espaço (sem margens excessivas).
- Evitar o correio comercial; eliminar-se das bases de dados das empresas de publicidade.
- Felicitar, comunicar e convocar reuniões por via eletrónica.
- Utilizar papel reciclado.
- Reduzir (melhor evitar!) a utilização de plásticos, latas, objectos com pilhas, materiais com substâncias tóxicas, etc.
- Reduzir o consumo de plásticos e, em particular, de PVC, em brinquedos, calçado, pequenos electrodomésticos, produtos de limpeza, etc. (se inevitável), escolher os recicláveis (PET, PEAD, etc.), reutilizando-os tanto quanto possível.
- Evitar aparelhos eléctricos e brinquedos alimentados a pilhas.

  Reduzir o consumo de produtos que contenham substâncias tóxicas, tais como insecticidas, solventes, desinfectantes, tira-nódoas, vernizes, produtos de limpeza agressivos ("limpeza sem cloro"), não comprar roupa que precise de ser limpa em lavandarias ou utilizar lavandarias ecológicas, etc.

- Rejeitar o consumismo: praticar e promover o consumo responsável.
- Analisar criticamente anúncios publicitários (ver www.consumehastamorir.com).
- Não se deixe levar pelas campanhas comerciais: Dia dos Namorados, Epifania, entre outras.
- Programar as compras (ir às compras com uma lista de necessidades)

Reutilizar o mais possível

- Reutilização de papel
- Impressão, por exemplo, em papel já utilizado num dos lados
- Reutilizar a água: utilizar a água da lavagem de frutas e legumes e da cozedura de ovos (enriquecida com cálcio) para regar as plantas.
- Evite, em particular, os sacos e embalagens de plástico, a folha de alumínio e os copos de papel.
- Substitua-os por outros reutilizáveis, reparando-os quando necessário, enquanto se podem utilizar produtos reciclados (papel, toner, etc.) e recicláveis.
- Renovar as habitações, torná-las mais sustentáveis (melhor isolamento, etc.), evitando novas construções).

Reciclar

- Separar os resíduos para recolha selectiva ("compactar" os resíduos para que ocupem menos espaço).
- Levar para os "Puntos Limpios" o que não pode ir para os depósitos normais.
- Reciclar pilhas, telemóveis, lâmpadas com mercúrio, computadores, óleo, produtos tóxicos.

Utilização de tecnologias respeitadoras do ambiente e do ser humano

- Não compre produtos sem se certificar de que são seguros: verifique a composição dos alimentos, dos produtos de limpeza, do vestuário, etc. e evite os que não oferecem garantias.
- Evitar os sprays e os aerossóis (utilizar pulverizadores manuais).
- Aplicar as regras de segurança no trabalho e em casa.
- Optar por energias renováveis no sector doméstico, automóvel, etc.
- Utilizar aparelhos alimentados por energia solar: rádios, carregadores de telemóveis, computadores portáteis.
- Utilizar aparelhos eficientes, economizadores de energia e pouco poluentes (A++).

Contribuir para a educação e a ação para a cidadania

- Divulgação e sensibilização: utilizar a imprensa, a Internet, o vídeo, as feiras ambientais e o material escolar.
- Contribuir para a sensibilização para problemas insustentáveis e intimamente ligados: consumismo, explosão demográfica, crescimento económico predatório, degradação e desequilíbrios ambientais.
- Informar sobre as acções que podemos levar a cabo e incentivar a sua implementação, promovendo campanhas de utilização de lâmpadas de baixo consumo, reflorestação e associativismo.
- Ajudar a conceber as medidas de sustentabilidade como uma melhoria que assegura o futuro para todos e não como uma limitação.
- Promover o reconhecimento social de medidas positivas para um futuro sustentável.
- Estudar e aplicar o que se pode fazer pela sustentabilidade enquanto profissional
- Investigar, inovar e ensinar.
- Contribuir para a ambientalização do local de trabalho, do bairro e da cidade onde vivemos.

Envolver-se em acções sociopolíticas para a sustentabilidade

- Respeitar e fazer cumprir a legislação em matéria de proteção do ambiente e da biodiversidade.
- Evitar contribuir para a poluição sonora, luminosa ou visual.
- Manifestar às empresas o nosso desacordo com a utilização de embalagens excessivas, o desperdício de sacos de plástico, a não separação do lixo, etc.
- Não fume onde possa prejudicar os outros e nunca deite pontas de cigarro para o chão.
- Não deixar resíduos na floresta, na praia.
- Evitar viver em empreendimentos que contribuam para a destruição dos ecossistemas e/ou para o aumento do consumo de energia.
- Ter o cuidado de não danificar a flora e a fauna.
- Respeitar as regras de trânsito para proteção das pessoas e do ambiente.
- Denunciar as políticas de crescimento contínuo que são incompatíveis com a sustentabilidade.
- Denunciar os crimes ecológicos: abate ilegal de árvores, incêndios florestais, resíduos não tratados, planeamento urbano predatório.
- Respeitar e garantir o respeito pelos direitos humanos, denunciar qualquer discriminação étnica, social e de género.
- Colaborar ativa e/ou financeiramente com associações que defendam a sustentabilidade.
- Apoiar programas de ajuda ao Terceiro Mundo, defender o ambiente, ajudar as populações em dificuldades e promover os direitos humanos.
- Exigir a aplicação de impostos de solidariedade
- Promover o comércio justo.
- Rejeitar os produtos resultantes de práticas predatórias (madeiras tropicais, peles de animais, pesca, etc.).

- A UE tem um longo historial de promoção do desenvolvimento da União Europeia (por exemplo, a exploração do ambiente, o turismo insustentável...) ou que são obtidos com mão de obra sem direitos laborais, trabalho infantil e apoiam as empresas com uma garantia.
- Exigir políticas de informação claras sobre todas as questões.
- Defender o direito à investigação sem censura ideológica.
- Exigir a aplicação do princípio da precaução
- Opor-se ao unilateralismo, às guerras e às políticas predatórias
- Exigir o respeito da legalidade internacional
- Promover a democratização das instituições mundiais (FMI, OMC, BM, etc.).
- Respeitar e defender a diversidade cultural
- Respeitar e defender a diversidade das línguas.
- Respeitar e defender os conhecimentos, os costumes e as tradições (desde que não violem os direitos humanos).
- Votar nos partidos com as políticas mais favoráveis à sustentabilidade.
- Trabalhar para que os governos e os partidos políticos assumam a defesa da sustentabilidade
- Exigir legislação local, estatal e universal para proteger o ambiente "Cyber-act": Apoiar campanhas de solidariedade e sustentabilidade a partir do computador.

Avaliação e compensação

- Realizar auditorias comportamentais pessoais
- Controlar adequadamente as nossas contribuições para a sustentabilidade nos domínios da habitação, dos transportes, da ação profissional e cívica.
- Compensar as repercussões negativas das nossas acções quando não as podemos evitar (emissões

- emissões de CO_2, utilização de produtos poluentes...) através de acções positivas (Ver www.ceroco2.org numa dinâmica efectiva, favorecendo resultados positivos e estimulando um maior envolvimento.
- Numa primeira fase, é aconselhável selecionar as medidas que se afigurem mais viáveis e acordar planos e formas de acompanhamento que dêem um impulso efetivo, promovam resultados positivos e estimulem um maior envolvimento.
- NOTA: Estas medidas foram retiradas do documento de trabalho produzido como contributo para a Década da Educação para um Futuro Sustentável (2005-2014), instituída pelas Nações Unidas para fazer face à atual emergência mundial (www.oei.es/decada).

X.- Inovações sustentáveis

Um maior impulso para produtos e tecnologias sustentáveis do que o atual. Foi atingido um ponto de viragem no que diz respeito às alterações climáticas e muitos inovadores e empresas estão a dar um passo em frente para construir um futuro mais verde. Neste contexto, à medida que a transição energética para impulsionar a economia sustentável avança, as primeiras inovações sustentáveis de 2023 exploram os desafios do armazenamento de energia, incluindo também projectos de Inteligência Artificial para lidar com o desperdício alimentar, entre outros. De seguida, apresentamos alguns dos desenvolvimentos que visam um modo de vida mais sustentável:

- Bateria de ferro para armazenamento de energia ao nível da rede.

Embora as baterias de iões de lítio se tenham tornado omnipresentes em produtos como a eletrónica, os pequenos e grandes electrodomésticos, os veículos eléctricos e os sistemas de armazenamento de energia eléctrica, existem graves problemas associados ao facto de conterem numerosos metais tóxicos que tornam o seu fabrico, reciclagem e utilização problemáticos para o ambiente. A startup Form Energy, que nasceu no Massachusetts Institute of Technology (MIT), encontrou uma forma de tornar as baterias metálicas mais eficientes.

Embora as baterias de zinco atualmente utilizadas nos aparelhos auditivos contenham materiais menos tóxicos, por não serem recarregáveis, também fazem parte do fluxo de resíduos. No entanto, descobriram uma forma de inverter o processo de corrosão para criar baterias de ferro recarregáveis, que são mais pesadas do que as baterias de iões de lítio e têm um ciclo de carga e recarga lento, o que as torna inadequadas para utilização em veículos eléctricos. No entanto, a empresa afirma que serão perfeitas para o armazenamento de energia ao nível da rede, uma vez que são excelentes no armazenamento de energia a longo prazo e podem gerar mais de três megawatts de capacidade de produção por acre de bateria.

- Armazenamento subterrâneo de hidrogénio por gravidade.

É cada vez mais comum que o hidrogénio verde, a variedade mais limpa e com zero emissões de carbono, seja apresentado como um elemento crucial na viagem do mundo para o zero líquido. Mas armazenar o combustível limpo continua a ser um desafio. É por isso que a Gravitricity, uma empresa britânica especialista em armazenamento subterrâneo de energia, está a concluir a conceção de revestimentos de poços de rocha subterrâneos especialmente concebidos para permitir o armazenamento subterrâneo eficiente de hidrogénio.

Além disso, a sua tecnologia de armazenamento, a que chama FlexiStore, é uma solução para os obstáculos com que se depara o armazenamento de hidrogénio, proporcionando um sistema muito maior e mais seguro; é mais flexível do que as cavernas de sal subterrâneas, outro método de armazenamento. Por outro lado, a Gravitricity identificou muitos locais para o seu projeto-piloto no Reino Unido, onde está a discutir os seus futuros planos comerciais.

Em 2024, as empresas devem não só responder às crescentes expectativas sociais e regulamentares, mas também posicionar-se como líderes proactivos na criação de um futuro sustentável e ético. A combinação de regulamentos mais rigorosos, responsabilização transparente e colaboração ativa com os sectores público e financeiro abrirá caminho a uma transformação empresarial positiva e duradoura. Cristina Sanchez (2023) Diretora-Geral do Pacto Global da ONU em Espanha. Este artigo aborda algumas das tendências do Euromonitor International e de alguns especialistas do IMD, mostrando as questões mais relevantes para 2024 e a sua relação com o tema dos resíduos.

- Rumo à normalização: Relatórios de sustentabilidade

Uma das tendências mais notáveis é a evolução para a elaboração de relatórios de sustentabilidade, de modo a que as empresas possam comunicar as acções que estão a tomar em relação à sustentabilidade. Para o efeito, surgiram novos requisitos, tanto a nível internacional como na União Europeia (UE), que têm impacto no México. A nível internacional, entraram em vigor, a 1 de janeiro de 2024, duas novas normas do International Sustainability Standards Board (ISSB), que serão adoptadas no México assim que a Comissão Nacional Bancária e de Valores (CNBV) determinar se são aplicáveis às entidades sob a sua regulação.

- ✓ IFRS S1 "Requisitos gerais para a divulgação de informações financeiras relacionadas com a sustentabilidade".
- ✓ IFRS S2 "Divulgações relacionadas com o clima".

Além disso, na UE, a Diretiva relativa aos relatórios de sustentabilidade das empresas (CSRD) entrou em vigor em 5 de janeiro de 2023, exigindo que as empresas da UE apresentem relatórios sobre o impacto das suas actividades empresariais no ambiente e na sociedade e sobre o impacto das suas iniciativas ambientais, sociais e de governação (ESG) na vertente empresarial. Com a entrada em vigor destas normas, as empresas multinacionais terão de enfrentar novos desafios para cumprirem os diferentes requisitos e alinharem as metodologias de elaboração de relatórios.

O panorama da comunicação de informações permitirá aos investidores, analistas, consumidores e outros avaliar o desempenho em matéria de sustentabilidade e identificar e atenuar potenciais riscos ambientais (como os resíduos), bem como consolidar informações para uma melhor tomada de decisões, permitindo às empresas tornarem-se mais resilientes.

- Desenvolvimento de modelos empresariais circulares

Como resultado de incentivos regulamentares, como o Plano de Ação para a Economia Circular da Comissão Europeia, o impulso para a economia circular tem vindo a aumentar. Mas esta tendência não se verifica apenas na Europa: no México, pode ser observada na Lei Geral da Economia Circular e na Estratégia Nacional de Economia Circular. Cada vez mais empresas têm desenvolvido modelos de negócio rentáveis baseados na economia circular, criando assim mudanças na dinâmica empresarial (alguns exemplos são o Grupo AlEn, Arca Continental, Bio Pappel, entre outros). Desde a questão da gestão de resíduos na indústria da reciclagem e dos resíduos valorizáveis, permitindo-lhes duplicar as suas receitas com produtos e serviços circulares.

- Transparência nas cadeias de abastecimento

O relatório do Monitor da Responsabilidade Climática das Empresas, que analisa os planos de 24 empresas multinacionais em matéria de alterações climáticas, afirma que "as estratégias climáticas da maior parte das empresas estão envoltas em compromissos ambíguos, planos de compensação que carecem de credibilidade, exigências de maior transparência por parte dos investidores em relação às questões empresariais significam que as empresas precisam de tomar medidas mais rigorosas para serem claras quanto aos processos que seguem e às acções que tomam. É necessária uma boa rastreabilidade da cadeia de abastecimento, desde os fornecedores, ao fabrico, à distribuição e ao cliente final, para fornecer aos consumidores informações claras, credíveis e facilmente acessíveis.

As principais abordagens a considerar para esta tendência são:

a) As empresas devem fundamentar as suas alegações ambientais utilizando metodologias normalizadas.
b) Obtenção de certificações e aprovações de terceiros.
c) Não fornecer dados de durabilidade não comprovados em termos de tempo ou intensidade em condições normais de utilização.

No caso do México, esta tendência torna-se importante devido à publicação da primeira edição da Taxonomia Sustentável do México em março de 2023, que apresenta um sistema de classificação para identificar e definir actividades, activos ou projectos de investimento com impactos positivos no ambiente e na sociedade, incluindo objectivos e critérios predefinidos. A taxonomia será um ponto-chave para mitigar o risco de greenwashing, permitindo ao mesmo tempo incentivar os investimentos em actividades sustentáveis, graças a uma maior transparência por parte das empresas.

- A sustentabilidade como motor da rentabilidade e da estratégia

A sustentabilidade está a começar a ser vista como um aspeto fundamental da eficiência de custos. As empresas estão a ser encorajadas a alinhar os seus objectivos de sustentabilidade com os seus objectivos financeiros. De acordo com os dados da Euromonitor Voice of the Industry 2023, as empresas investiram ou planeiam investir fortemente na reciclagem como uma medida para reduzir os seus custos e os seus impactos ambientais. Foi atingido um ponto de viragem no que diz respeito às alterações climáticas e muitos inovadores e empresas estão a dar um passo em frente para construir um futuro mais verde.

Neste contexto, à medida que a transição energética para impulsionar a economia sustentável progride, as primeiras inovações sustentáveis (2023) exploram os desafios do armazenamento de energia, incluindo também projectos de Inteligência Artificial para lidar com o desperdício alimentar, entre outros. De seguida, apresentamos alguns dos desenvolvimentos que visam um modo de vida mais sustentável:

Para o conseguir, desenvolveu um processo que esteriliza os resíduos alimentares e os transforma num material orgânico que pode absorver até 30 vezes a sua massa em água. Este material pode ser aplicado às culturas, diminuindo a necessidade de fertilizantes químicos e assegurando também uma distribuição mais eficiente da água. Os ensaios realizados no Médio Oriente resultaram em aumentos de rendimento até 40% e numa redução das necessidades de água até 50%. A Aquagrain foi, por conseguinte, um dos quatro vencedores do Foodtech Challenge.

Os vencedores foram anunciados na Semana da Sustentabilidade de Abu Dhabi e partilharam um prémio de financiamento de 2 milhões de dólares.

Inteligência artificial para combater o desperdício alimentar nos restaurantes. Em muitos países desenvolvidos, como o Reino Unido, a maior parte dos resíduos alimentares produzidos anualmente a nível nacional ocorre no ponto de consumo do cliente. Os restaurantes, cafés e mercearias produzem mais resíduos do que aqueles que são gerados ao longo de toda a cadeia de abastecimento. A este respeito, a Orbisk apresentou uma solução digital para este desafio, fornecendo câmaras e software de inteligência artificial a cozinhas profissionais.

Estas câmaras, depois de observarem os padrões de desperdício alimentar, podem quantificar e prever as tendências de desperdício alimentar. Isto pode ajudar o pessoal da cozinha a não encomendar ou preparar alimentos em excesso, ou a modificar os menus para reduzir o tamanho das refeições que são frequentemente desperdiçadas. O investimento em estratégias de sustentabilidade também pode ajudar a atrair e reter talentos, a envolver as partes interessadas, a satisfazer as exigências dos consumidores e a promover a inovação.

- Contabilidade do carbono

As empresas devem quantificar as emissões de gases com efeito de estufa (GEE) que produzem direta ou indiretamente a partir das suas actividades para compreenderem melhor o seu impacto ambiental. Podem então estabelecer objectivos claros de redução das emissões que demonstrem o seu empenho na descarbonização. Em outubro de 2023, o Mecanismo de Ajustamento à Base de Carbono (CBAM) da UE entrou na fase de transição, exigindo que os importadores comuniquem as emissões associadas aos seus produtos até 31 de janeiro de 2024.

No entanto, a fim de promover as melhores práticas, uma maior transparência das questões empresariais por parte dos investidores significa que as empresas devem tomar medidas mais rigorosas para serem claras quanto aos processos que seguem e às acções que realizam. É necessária uma boa rastreabilidade da cadeia de abastecimento, desde os fornecedores, ao fabrico, à distribuição e ao cliente final, para fornecer aos consumidores informações claras, credíveis e facilmente acessíveis. As principais abordagens a considerar para esta tendência são:

a) As empresas devem fundamentar as suas alegações ambientais utilizando metodologias normalizadas.
b) Obtenção de certificações e aprovações de terceiros.
c) Não fornecer dados de durabilidade não comprovados em termos de tempo ou intensidade em condições normais de utilização.

No caso do México, esta tendência torna-se importante devido à publicação da primeira edição da Taxonomia Sustentável do México em março de 2023, que apresenta um sistema de classificação para identificar e definir actividades, activos ou projectos de investimento com impactos positivos no ambiente e na sociedade, incluindo objectivos e critérios predefinidos. A taxonomia será um ponto-chave para mitigar o risco de greenwashing, permitindo ao mesmo tempo incentivar os investimentos em actividades sustentáveis, graças a uma maior transparência por parte das empresas.

- A sustentabilidade como motor da rentabilidade e da estratégia

A sustentabilidade está a começar a ser vista como um aspeto fundamental da eficiência de custos. As empresas estão a ser encorajadas a alinhar os seus objectivos de sustentabilidade com os seus objectivos financeiros. De acordo com os dados da Euromonitor Voice of the Industry 2023, as empresas investiram ou planeiam investir fortemente em acções relacionadas com a reciclagem como medida para reduzir as suas inovações sustentáveis. Nunca houve um impulso tão grande para produtos e tecnologias sustentáveis como atualmente.

Foi atingido um ponto crítico no que diz respeito às alterações climáticas e muitos inovadores e empresas estão a dar um passo em frente para construir um futuro mais verde. Neste contexto, à medida que a transição energética avança para impulsionar a economia sustentável, as primeiras inovações sustentáveis 2023 exploram os desafios do armazenamento de energia, incluindo também projectos de Inteligência Artificial para combater o desperdício alimentar, entre outros. De seguida, apresentamos alguns dos desenvolvimentos que visam um modo de vida mais sustentável:

- Através do desenvolvimento de um processo que esteriliza os resíduos alimentares e os transforma num material orgânico que pode absorver até 30 vezes a sua massa em água.
- Este material pode ser aplicado nas culturas, diminuindo a necessidade de fertilizantes químicos e assegurando também uma distribuição mais eficiente da água.
- Os testes realizados no Médio Oriente resultaram em aumentos de rendimento até 40% e numa redução das necessidades de água até 50%. A Aquagrain foi, por conseguinte, um dos quatro vencedores do Foodtech Challenge.
- Os vencedores foram anunciados na Semana da Sustentabilidade de Abu Dhabi e partilharão um prémio de financiamento de 2 milhões de dólares.
- Inteligência artificial para combater o desperdício alimentar nos restaurantes. Em muitos países desenvolvidos, como o Reino Unido, a maior parte dos resíduos alimentares produzidos anualmente a nível nacional ocorre no ponto de consumo do cliente.
- Os restaurantes, os cafés e as mercearias produzem mais resíduos do que aqueles que são gerados ao longo da cadeia de abastecimento.
- A este respeito, a Orbisk apresentou uma solução digital para este desafio, fornecendo câmaras e software de inteligência artificial a cozinhas profissionais.
- Estas câmaras, depois de observarem os padrões de desperdício alimentar, podem quantificar e prever as tendências de desperdício alimentar.

- Isto pode ajudar o pessoal da cozinha a não encomendar ou preparar alimentos em excesso ou a modificar as ementas para reduzir o tamanho das refeições que são frequentemente desperdiçadas. Custos.
- O investimento em estratégias de sustentabilidade também pode ajudar a atrair e reter talentos, a envolver as partes interessadas, a satisfazer as exigências dos consumidores e a impulsionar a inovação.

Devido a este ajustamento, o preço dos bens importados dependerá das emissões emitidas nos seus processos, para o que o México deve preparar-se, uma vez que este preço do carbono pode afetar os produtos destinados à UE. 92% do produto interno bruto (PIB) mundial declarou a sua intenção de se comprometer a atingir zero emissões líquidas até 2050 (Net Zero Tracker, 2023). De um modo geral, o novo panorama para 2024 revela uma forte tendência para mudanças na forma como as empresas conduzem as suas operações, permitindo uma maior transparência na tomada de decisões em matéria de sustentabilidade, assumindo compromissos de redução das emissões e elaborando relatórios para comunicar os progressos realizados.

Agora, tomar medidas nesse sentido pode contribuir para um melhor posicionamento como empresa, preparando-se para potenciais riscos ambientais e sociais, um melhor posicionamento no ambiente financeiro e, em geral, permitirá que a empresa seja mais resiliente. Este ano, 2024, está orientado para a criação de mudanças conscientes para contribuir para os objectivos globais e cumprir os regulamentos, é tempo de agir em conformidade e fazer parte desta transformação sustentável como empresa.

XI - Sensibilização e reflexão

Em 1992, o dia 26 de março foi declarado Dia Mundial do Clima pela Convenção-Quadro das Nações Unidas sobre as Alterações Climáticas. Este dia foi criado para aumentar a consciencialização e sensibilizar para a importância e a influência do clima e para o impacto das alterações climáticas nos seres humanos a nível global. Dias como este ou o recente Dia Internacional das Florestas são um convite aos cidadãos para reflectirem sobre os nossos estilos de vida e a forma como nos comportamos em relação ao ambiente. E, claro, a ter consciência de que as nossas acções afectam não só os seres humanos, mas também outros seres vivos e os recursos naturais existentes.

O Dia Mundial do Clima está também relacionado com um dos Objectivos de Desenvolvimento Sustentável (ODS), concretamente o ODS 13 sobre a ação climática, que visa introduzir as alterações climáticas como uma questão fundamental nas políticas, estratégias e planos dos países, das empresas e da sociedade civil, melhorando a resposta aos problemas que gera, e promovendo a educação e a sensibilização de toda a população em relação ao fenómeno. No entanto, como se pode aumentar a consciência ambiental da sociedade, no sentido em que estamos conscientes da importância de cuidar da nossa saúde e devemos também estar conscientes da necessidade de proteger o nosso ambiente.

A consciência ambiental é um processo de aprendizagem necessário, independentemente da nossa idade ou dos nossos conhecimentos. Neste sentido, a consciência ambiental é a base de tudo, além de ser uma filosofia de vida que cuida do ambiente e o protege para o preservar e garantir o seu equilíbrio presente e futuro. Tendo em conta este facto. Devemos ter consciência de que um dos aspectos que mais deteriora a natureza é o homem. A desflorestação, a poluição do ar, a poluição da água e o aquecimento global são consequências do modo de vida que prevalece na nossa sociedade.

A educação ambiental e a sensibilização ambiental também nos ajudam a perceber que todas as acções que realizamos no nosso dia a dia têm um impacto no ambiente. O meio de transporte que utilizamos para ir para o trabalho, a utilização de sacos de plástico, o tipo de energia que consumimos, tudo isso tem influência. Neste sentido, o despertar da consciência ambiental faz-se através da educação e da sensibilização, e porque a consciência ambiental pode ser fomentada de duas formas:

- Desde a escola, através de exercícios de educação ambiental para as crianças mais pequenas.
- Através de iniciativas de sensibilização para as consequências que as nossas acções podem ter no ambiente.

Na escola, podem ser realizadas práticas como a separação dos resíduos sólidos e a colocação de tudo no contentor certo; actividades centradas na reutilização de materiais e visitas a parques naturais para observar animais no seu habitat natural, o que ajuda a compreender por que razão é essencial proteger os recursos naturais. Este tipo de actividades desperta a consciência ambiental desde a infância e dá origem a gerações mais respeitadoras da natureza e do seu ambiente.

Por outro lado, as acções de sensibilização para promover a consciência ambiental podem ser muito diversas: desde eventos pontuais sobre temas específicos até campanhas publicitárias que nos fazem refletir sobre os nossos hábitos diários e a forma como estes afectam a natureza. Em suma, a educação ambiental e a sensibilização ambiental convidam-nos a mudar os nossos hábitos quotidianos e a abrir os olhos para ver o que se passa à nossa volta.

XII - Conclusões

- Na COP28, a SEO/Birdlife (2023), juntamente com outros movimentos científicos e da sociedade civil, assegurará compromissos climáticos para integrar a conservação e a recuperação do ambiente natural nos próximos anos.
- A sustentabilidade é a chave para a eficiência dos custos. Procuramos empresas que combinem os seus objectivos de sustentabilidade com os seus objectivos financeiros.
- Abrandar o avanço das alterações climáticas através de alertas para os impactos das alterações climáticas na natureza e para a necessidade de uma ação rápida e eficaz para as travar e maximizar a resiliência.
- Suspender o desenvolvimento da produção de combustíveis fósseis, incompatível com as suas obrigações em matéria de direitos humanos e com o objetivo de limitar o aquecimento global a menos de 1,5°C.
- triplicar a capacidade de produção de energia renovável até 2030, respeitando a biodiversidade e as comunidades locais nas suas instalações
- a baixa incorporação tecnológica e os sistemas educativos não foram capazes de implementar métodos de ensino alternativos de qualidade que permitissem a continuidade da prestação de serviços face a situações de emergência climática.
- Combater as alterações climáticas, gerando contributos escolares para a sustentabilidade ambiental, acompanhando-os e acrescentando valor à agenda dos países em matéria de descarbonização e resiliência às alterações climáticas.

- As acções empresariais devem abordar a atenuação, o financiamento das alterações climáticas, a adaptação e a recuperação da biodiversidade.
- Reforçar a cooperação internacional em matéria de incentivos, regulamentação e condições para orientar os investimentos com vista a uma transição global para a redução das emissões de CO2.
- É tempo de aumentar o financiamento para a adaptação, as perdas e danos e a reforma da arquitetura financeira internacional, sendo "o multilateralismo a melhor esperança da humanidade".
- De acordo com a Agência do Ambiente, o investimento de sete biliões de dólares em actividades como prados de ervas marinhas, extensões de rebentos verdes e flores semelhantes a relva, que são uma solução baseada na natureza, equivale a: 30 vezes o que é gasto anualmente em soluções verdes e 7% do PIB global.
- O PNUA tomará medidas para reduzir o consumo de energia dos equipamentos de refrigeração, de modo a reduzir pelo menos 60% das emissões sectoriais previstas até 2050.
- O Compromisso Global de Arrefecimento do PNUA define estratégias de arrefecimento passivo para reduzir as emissões de arrefecimento em 3,8 mil milhões de toneladas de equivalente CO2 até 2050.
- As organizações internacionais, os bancos multilaterais de desenvolvimento e os países apresentaram um conjunto de acções concretas urgentes e inovadoras para aumentar o financiamento através de cláusulas de dívida resilientes às alterações climáticas nos seus empréstimos.
- O Banco Mundial comprometeu-se a suspender a dívida e os juros durante dois anos em caso de catástrofe natural.
- O Banco Europeu de Reconstrução e outras instituições anunciaram planos para integrar estas cláusulas nos contratos de empréstimo soberano.

- A escassez crónica de financiamento para soluções baseadas na natureza não se deve à falta de fundos, "é que o dinheiro está a ir na direção errada", pelo que é necessário criar os quadros jurídicos necessários para orientar os fundos para soluções positivas para a natureza.
- CEPAL, descreve as necessidades de financiamento para a transição para uma economia de baixo carbono e resistente ao clima, bem como as actuais tendências regionais em matéria de emissões.
- Financiar sectores como a agricultura, a pecuária e a silvicultura, que são responsáveis por 58% das emissões de gases com efeito de estufa. Este financiamento é direcionado para a atenuação, em detrimento das medidas de adaptação.
- Necessidade de canalizar os fluxos de investimento para actividades que estimulem os sectores motores da economia, com vista a alcançar um desenvolvimento mais produtivo, inclusivo e sustentável.
- Implementar actividades *na sua vida quotidiana que* contribuam para o ambiente e limitem as alterações climáticas na Terra. As nossas acções individuais podem contribuir de forma significativa e positiva para a sustentabilidade, para alcançar um desenvolvimento verdadeiramente sustentável.
- Aumentar a consciência ambiental da sociedade, proteger o nosso ambiente e dar importância à nossa saúde.
- A consciência ambiental é um processo de aprendizagem necessário, independentemente da nossa idade ou conhecimentos.
- A consciência ambiental ajuda-nos a compreender que todas as acções que realizamos na nossa vida quotidiana têm um impacto no ambiente.

- O despertar da consciência ambiental faz-se através da escola com a educação ambiental e a sensibilização para as consequências das nossas acções no ambiente.
- Sensibilizar os indivíduos para a mudança de hábitos, a fim de travar os efeitos irreparáveis das alterações climáticas na vida do planeta.

XIII - Referências

Jo Adetunji (2023) **o financiamento deve ser mais equitativo e justo** Editor the Conversation.UK Rigor académico talento jornalístico **https://blog.theconversation.com-uk,**

Adesina Akinwumi (2023), **criação de um mecanismo de financiamento híbrido, proposto pelo Banco Africano de Desenvolvimento e pelo Banco Interamericano de Desenvolvimento Https://www.afdb.org**

Clara Arpa (2023) **Programa Climate Ambition Accelerator** https://www.goaragon

Inger Andersen (2023), **este crescimento não deve ser feito à custa da transição energética e de impactos climáticos mais intensos** Https://www.unep.org-people

Mirey Atallah (2023), **eurodeputada portuguesa** (Grupo do Partido Popular Europeu e dos **Democratas Europeus**), **afirmou que o relatório mostra que a crise climática continua a ultrapassar os esforços para a conter**. Diretora do Departamento de Natureza e Clima do PNUA, Https:// unep.org- World-ci

Gemma Duran Romero (2023)**: a questão do financiamento para fazer face às alterações climáticas é fundamental.** https:// portalcientifico.uam.es

EuroNews (2023), **COPS28: um acordo histórico para abandonar os combustíveis fósseis** https://es.euronews.com

El País (2023) **sustentabilidade ambiental, económica e social**

https:// elpaís.com-ambiente e sustentabilidade

Fundação Aquae (2023) **Acções sustentáveis para cuidar do planeta https://www.fundacionaquae.org** ' aciones-sostenibles

António Guterres (2023) **Limitar o aquecimento global a 1,5°C será impossível sem eliminar gradualmente todos os combustíveis fósseis.**
Https:// www.un.org.Guterres

IPPC (2023) **Nova análise dos planos nacionais para o clima** Https://unfccc.int-news-new analysis on climate plans

Liora Schwartz, Maria Soledad (2023), **Educação e alterações climáticas, como desenvolver competências para a ação climática em idade escolar** BID. Https://blogs.iadb.org-educaction.author

Niki Mardas (2023) **participa como oradora em. Modelos de negócio que enriquecem a biodiversidade: Como podemos incorporar a natureza no coração do negócio**? Https://globalcanopy.org-news

OCHCR.org (2023) OHCHR and Climate Change Https://.wwwochcr.org-climate Change

Ojiambo Sandra (2023) **Equipa de Gestão Executiva One Global Compact** Https://unglobalcompact.org

ONU (2023) **Ação** sobre **as alterações climáticas não pode esperarCOPS28, Dubai https://.www.un.org- alterações climáticas**

Anna Rasmussen, (2023) **a importância do processo de balanço global, observando que o aquecimento global ainda pode ser limitado a 1,5°C".** https:// climática.coop- interview .anne rasmussen

Teresa Ribeiro (2023) **Pavilhão** da ONU **para as alterações climáticas na COP 28** https:// www.unfccc.int -cop28

Salazar- Xirinachs (2023), **o aumento do financiamento da luta contra as alterações climáticas pode também trazer outros benefícios para além dos ambientais, incluindo benefícios económicos e sociais** Https://www.cepal.org-equipo-jose manuel Salazar xirinachs

Cristina Sánchez (2023) **A necessidade de transformar o sistema financeiro mundial**. CEO do Pacto Global da ONU em Espanha https://pactomundial.org-noticias

Stiell Simon (2023) **o mundo caminha demasiado devagar face a uma crise climática aterradora https://reliefweb.int-report,** World-cop28

Harjeet Singh (2023) **Conseguir que os países ricos paguem pelo clima** https://axios.com harjjeet

Petteri Taalas (2023) **põe fim a 8 anos de luta contra as alterações climáticas** https: //www. Infobae.com -agencies

Printed by Books on Demand GmbH, Norderstedt / Germany